纺织服装高等教育"十二五"部委级规划教材

# 小礼服立体裁剪

尚笑梅　陈洁　王玲玲　著

东华大学出版社

·上海·

**图书在版编目（ＣＩＰ）数据**

小礼服立体裁剪/尚笑梅，陈洁，王玲玲著．—上海：
东华大学出版社，2015.9
ISBN 978-7-5669-0892-6

Ⅰ.①小…　Ⅱ.①尚…　②陈…　③王…　Ⅲ.①服装
量裁　Ⅳ.①TS941.631

中国版本图书馆CIP数据核字（2015）第 215064 号

| 装帧设计 | |
| --- | --- |
| 封面设计 | 胡尚聪 |
| 图片摄影 | 吴秋彬 |
| 责任编辑 | 杜亚玲 |

## 小礼服立体裁剪

尚笑梅　陈洁　王玲玲　著

东华大学出版社出版

上海市延安西路 1882 号

邮政编码:200051　电话:(021)62193056

新华书店上海发行所发行　苏州望电印刷有限公司印刷

开本:787×1092　1/16　印张:16.75　字数:416 千字

2015 年 9 月第 1 版　2018 年 8 月第 2 次印刷

ISBN 978－7－5669－0892－6

定价:42.00 元

# 内容简介

　　立体裁剪是服装设计效果实施的重要方法之一,在实际生产中起着非常重要的作用。由于其直观性、灵活性等特点,已经越来越多地被采用到教学和生产中。

　　本书分为上下两篇,上篇为应用基础篇,主要介绍立体裁剪的基础理论和操作基本方法,并对省、分割线、褶裥、波浪等立裁基础技法和原理进行分步骤用式样操作给予讲授;下篇为应用实例篇,为企业选用多个案例,全面展示各种技法在小礼服设计制作中的运用。每一款都配有相应的款式效果图、采样图、制作过程和成衣样片示意图及款式技巧应用的拓展图例。本书具备以下特点:案例款式从企业实际生产中选取,并使用成衣面料进行立体裁剪,符合实际生产习惯的同时更能直观地展示实物的立体裁剪效果;在应用基础篇中,在对人体表面的结构进行分析的基础上,从手法和原理上讲解立体裁剪的知识,希望能引导读者真正地领会立裁的技法;在应用实例篇中,每一款立裁案例都有完整的操作步骤,并且附有立裁转成样片的纸样示意图,使读者在看到立裁的成衣效果的同时,还能与平面样片效果形成对比;在应用基础篇中,设有综合运用的章节,对每种技法在小礼中的简单运用进行相应的分析;在应用实例篇中,也设计了款式拓展章节,放有较多实例图,意在能拓展读者的思维。

　　本书不仅适合高等院校服装专业的教师和学生使用,也可以成为服装从业人员的技术参考书和服装设计爱好者的专业读物。

# 目　录

上 篇

# 应用基础篇

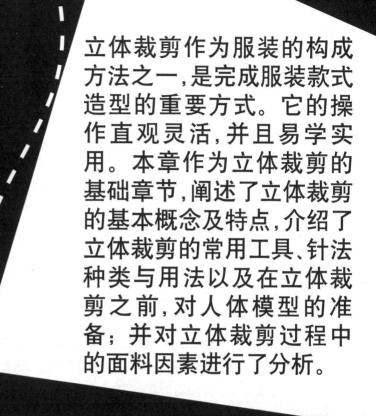

立体裁剪作为服装的构成方法之一,是完成服装款式造型的重要方式。它的操作直观灵活,并且易学实用。本章作为立体裁剪的基础章节,阐述了立体裁剪的基本概念及特点,介绍了立体裁剪的常用工具、针法种类与用法以及在立体裁剪之前,对人体模型的准备;并对立体裁剪过程中的面料因素进行了分析。

# 1

# 立体裁剪基础

# 1.1    立体裁剪基础理论

## 1.1.1    立体裁剪的基本概念

● 概念

服装立体裁剪又称服装立体构成,是服装的构成方法之一,也是完成服装样式造型的重要方式之一。它是将面料直接覆盖在人体或人体模型(又称人台)上,通过分割、折叠、抽缩、拉展等技术手法,一边裁剪一边造型的一种设计表现方式。它在三维的状态下,对面料进行剪切,同时用大头针固定,最后将剪切后的面料展开,平放在纸样用纸上,制成正式的服装纸样。

**小贴示:**
服装构成有两种方法:服装平面构成(又称平面裁剪)和服装立体构成(又称立体裁剪)。在服装生产中,可以以服装平面构成为主,也可以以服装立体构成为主,两种方法也可以结合使用。

● 立体裁剪的产生与发展

立体裁剪最早正式形成于13世纪的欧洲。在中世纪文艺复兴时期,出现了突出胸部、收紧腰身、突出人体立体感的服装造型。伴随着时代的发展,服装的立体化造型经过演变逐渐提高并日趋完善。尽管立体裁剪在东西方服饰文明史上有过不同的发展轨迹,但在东西方服饰文明充分融合、演化的今天,立体裁剪已成为人类共有的服装构成方法,并将随着人类服饰文明的深入发展,进一步推陈出新,进而形成一套完整的理论体系,并在许多国家不同程度地得到普及和应用。如美国、英国的"覆盖裁剪(dyapiag)"、法国的"抄近裁剪(cauge)"、日本的"立体裁断"等,均属立体裁剪的范畴。

## 1.1.2    立体裁剪的特点

● 直观性

立体裁剪是一种模拟人体穿着状态的裁剪方法,可以直接感知成衣的穿着形态、特征及松量等,是公认地最简便、最直接地观察人体体型与服装构成关系的裁剪方法。立体裁剪具有造型直观、准确的特点,无论何种造型与款式,在人台上操作,都可以直接、清楚地展现服装的空间形

**小贴示:**
立体裁剪与平面裁剪各有优势,立体裁剪直观、适体、可发挥性强;平面裁剪理论性强、操作稳定广泛,可提高一些定型产品的生产效率。

态、结构特点、服装轮廓等。通过观察体型与服装构成的关系，在没有预先太多构想的情况下，将面料在人台或人体上通过即兴披挂、包裹、打褶、镂空、开剪等手法进行造型。特别对于一些有褶皱和波浪效果的设计中，若用平面裁剪需要反复试穿多次，才能确定，而应用立体裁剪，则能直接且较顺利地达到设计效果。此外，利用服装这种动态的表现方法，还能直观地展现出种种难以预见的样式变化，有时更能激发创作者的潜能。

● 灵活性

在操作过程中，可以边设计、边裁剪、边改进，随时观察效果、随时纠正问题。这样就能解决平面裁剪中许多难以解决的造型问题。比如，在礼服的设计和时装制作中，出现不对称、多皱褶及不同面料组合的复杂造型，如果采用平面裁剪方法是难于实现的，而用立体裁剪就可以方便的塑造出来。

● 实用性

这种方法不仅适用于结构简单的服装，也适用于款式多变的时装；不仅适用于西式服装，也适用于中式服装。同时由于立体裁剪不受平面计算公式的限制，而是按设计的需要在人体模型上直接进行裁剪创作，所以它更适用于个性化的品牌时装设计。

● 易学性

立体裁剪以实践为主，其原理是依照人体或人体模型进行设计和操作，没有繁杂的计算公式，受限制的因素比较少，是一种简单、易学、快捷、有效的裁剪方法。但在学习初期，通过从局部造型的裁剪到整体版型的确认、从试样布到实际面料的体现、从静态到动态的展示等，都要按照立体裁剪的基本操作程序和要领进行学习和实践。需要注意的是，仅仅将布料紧紧的包裹在人台上是算不上什么创作或是拥有什么设计技巧的，重要的是要把握好在人台（或人体）与所创作的服装之间保持适当的空间余量，使服装具有舒适性和机能性。

● 适应性
— — — — — — — — — —

　　立体裁剪技术不仅适合专业设计和技术人员掌握,也非常适合初学者掌握。只要能够掌握立体裁剪的操作技法和基本要领,具有一定的审美能力,就能自由地发挥想象空间,进行设计与创作。

● 正确性
— — — — — — — — — —

　　平面裁剪是经验性的裁剪方法。设计与创作往往受设计者的经验及想象空间的局限,不易达到理想的效果。而立体裁剪与人体几乎为零的接触,可以令正确性与成功率都非常高。

# 1.2 立体裁剪常用工具

## 1.2.1 人体模型

● 概念

　　人体模型,又称人台、人模,是立体裁剪最基本的工具之一。因为在人体上进行立体裁剪固然可行,但却存在着很多不便之处,所以,用人体进行立裁,会直接影响立体裁剪工作效率和服装成品质量,故在立体裁剪时,一般选用人体模型作为辅助工具。

　　人体模型各部位尺寸比例应符合实际人体,具有美感;模型本身的质地要软硬适度,富于弹性,便于插针。总之,选择合适的人体模型是从事立体裁剪最基本的条件之一。

● 分类

　　人体模型的分类方法有多种。按加放松量分类,可分为成衣模型和裸体模型;按性别、年龄分类,可分为男体模型、女体模型和童体模型;按人体国别分类,有法式人体模型、美式人体模型和日式人体模型等,而且由于同一国别不同民族人体特点不同,又可有各类模型。立体裁剪时可根据需要进行选择。如图1-1中所示为全身女体模型、半身女体模型、半身男体模型、童装模型以及下半身模型。

**小贴示:**

人台内部主要材料为发泡性材料。人台材料有PU、玻璃钢等,塑成人体形态后,外层以棉质或棉麻质面料包裹,颜色宜用黑色、麻白色等人台。根据人台内部材料不同,人台有直插和斜插之分。直插人台珠针可完全插入人台内部,而斜插人台珠针只能穿过表层面料。

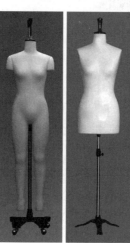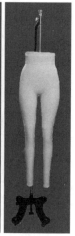

a. 全身女体　b. 半身女体　c. 半身男体　d. 童装模型　e. 下半身
　 模型　　　　　模型　　　　　模型　　　　　　　　　　　　模型

图**1-1**　人体模型示意图

7

## 1.2.2 手臂模型

手臂模型作为人体手臂的替代品,也是立体裁剪不可缺少的工具。手臂模型可以自由拆卸,用时只要用珠针将手臂固定到人台上即可。人体模型加上手臂,才能更符合真实人体。手臂模型符合标准人体手臂的粗细,但臂长要稍长。制作时用轻型弹力棉填充,便于肘部弯曲后能上举到头部,且形状不易走形,如图1-2所示,具体制作过程见1.3.3。

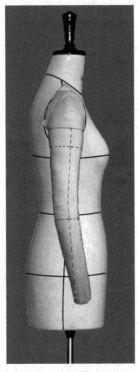

图 *1-2* 手臂模型示意图

## 1.2.3 工具

**1)滚轮**

滚轮有两种。一种齿尖尖锐,拷贝纸样时使用;另一种齿尖为圆形,将布样转变成纸样时使用。如图1-3-a所示。

**2)自由曲线尺**

稍有厚度的棒状尺子,形状可以随意弯曲而成。可将自由弯曲的曲线形状画到平面上,也可以测量曲线的长度。如图1-3-b所示。

**3)6字尺**

用于绘制领围、袖窿等较弯曲的线。如图1-3-c、1-3-d所示。

### 4）三角比例尺

用于绘制1:4或1:5的结构制图,内有弧形设计,可用来绘制曲线。如图1-3-e所示。

### 5）L尺

硬质乙稀制成的L形尺,尺上兼有直角和曲线。如图1-3-f所示。

### 6）H曲线尺

H指臀部(Hip)的开头字母,可用来绘制光滑、平缓的曲线。如图1-3-g所示。

### 7）方格定规尺

用硬质盐化乙稀制成,方眼刻度透明的尺。上面绘有直角线和平行线,使用起来非常方便。如图1-3-h所示。

### 8）软尺

用来测量身体上的围度和长度。软尺两面一般都标有刻度,分别以英寸和厘米作为测量单位。如图1-3-i所示。

### 9）美工刀

用于切割纸样。如图1-3-j所示。

### 10）圆规

用于画圆或弧线。如图1-3-k所示。

### 11）小剪刀

用于修剪缝线。如图1-3-l所示。

### 12）大剪刀

裁剪纸样或面料时使用。有各种不同的型号。如图1-3-m所示为裁纸剪刀、1-3-n所示为裁剪面料剪刀。

### 13）美纹胶带

用来在人体模型上标示出人体的主要部位,也可在立体裁剪过程对款式造型线进行定位。一般为3mm宽,颜色有蓝色、黑色、白色、红色多种,可根据需要进行选择。如图1-3-o所示。

### 14）大头针（珠针）

0.5mm的细长而光滑的针,立体裁剪时用于固定布片,不一样长短的针的用途不同。如图1-3-p所示。

### 15）熨斗

蒸汽或无蒸汽熨斗,用于平整或归正面料。如图1-3-q所示。

### 16）拷贝纸

两面或单面有印粉的复写纸。做标记或拷贝时使用,颜色有多种。

**17）自动铅笔**

  用于在纸样上绘图。

**18）画粉**

  小片粉块,用于在面料上做临时标记。

**19）针插**

  用于插大头针或珠针。面里塞有棉絮或头发,在下面钉有橡皮筋或粘扣,使用时套在手腕上,随时取用比较方便。可自己制作。如图1-3-r所示。

  部分工具如图1-3所示。

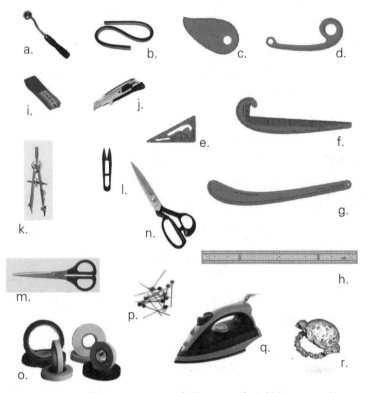

a.滚轮　b.自由曲线尺　c.d.6字尺　e.三角比例尺　f.L尺
g.H曲线尺　h.方格定规尺　i.软尺　j.美工刀　k.圆规　l.小剪刀
m.n.大剪刀　o.美纹胶带　p.珠针　q.熨斗　r.针插

图 **1-3** 立体裁剪工具示意图

## 1.2.4 立体裁剪所用材料

● 棉花

  可用于手臂模型以及针插的制作,并且可用来补正人体模型。应选用蓬松、柔软、富于弹性的上等棉花。

**10**

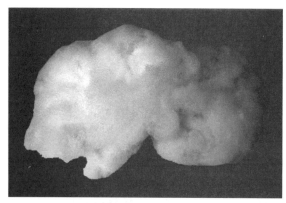

图 1-4　棉花示意图

● 白坯布

---

立体裁剪时，一般会选用价格便宜的白坯布作为试样布。因为使用白坯布可不受颜色和图形的干扰，而且白坯布不易走形，便于修改调整。所以，选用白坯布作为立体裁剪面料，既经济又实惠。

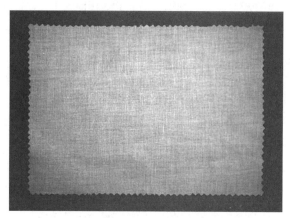

图 1-5　白坯布示意图

● 面料

---

采用白坯布只适用于一些常规情况。立体裁剪时，选用的面料最好应与实际服装所采用的面料质地、垂感等方面相似，这样才能制作出与实际服装较为接近的造型。在本书所介绍的小礼服立体裁剪案例中，基本上都是采用的实际面料本身进行立体裁剪，这样更能直观地看到最终成型的服装，但也有不尽如人意之处，比如成本过高；面料大多为轻薄面料，则操作时较难控制。礼服中常用面料见1.4.3中所述。

# 1.3　人体模型的准备

## 1.3.1　人体模型的点、线、面

人体模型是与人体体形相似的、专门用于立体裁剪的工具之一。使用该模型立体裁剪之前,需要清楚地认识它身上与人体相对应的每一个点、每一条线以及每一个面,这样才能做出与人体相吻合的服装。

● 人体模型的基准点

人体模型上与人体对应的基准点有如下几个,如图1-6所示:

前颈点(FNP) 人体上为左右锁骨的中间位置,在人体模型上即为颈部前面与人体躯干前面的转折曲线上的中间位置。

后颈点(BNP) 人体上为第七颈椎骨的突起,在人体模型上即为颈部后面与人体躯干后面的转折曲线上的中间位置。

侧颈点(SNP) 人体上为颈部与肩的交点,在人体模型上即为同样的对应位置。

肩点(SP) 人体上为手臂与肩的交点,在上臂的正中央位置。人体模型上即为手臂模型与肩的交点。

胸高点(BP) 人体胸部的最高点,人体模型上即为同样的对应位置。

腋点 人体手臂自然下垂时,手臂与躯干在腋下的交点。人体模型上即为手臂模型与人体模型躯干在腋下的交点。

背突点 肩胛骨处、人体背部的最高点,在人体模型上

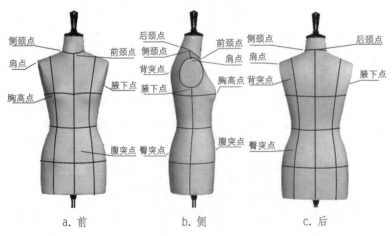

a. 前　　　　b. 侧　　　　c. 后

图 **1-6**　人体模型的基准点

即为同样的对应位置。

## ● 人体模型的基准线

**小贴示：**

部分基准线英文全称：

CF：Center Front 前中心

CB：Center Back 后中心

BL：Bust Line　胸围线

WL：Waist Line　腰围线

HL：Hip Line　　臀围线

SL：Shoulder Line 肩线

SS：Side Seam　侧缝

NL：Neck Line　领围线

AHL：Armhole Line 袖窿线

人体是一个立体的曲面,不同曲线之间的交接线便形成了人体上最关键的线。同样,对应于人体模型上,亦是如此。与人体对应的人体模型上的基准线如见图1-7所示。

前中心线（CF）在人体模型上,从前颈点开始,自上而下的人台纵向中心线。

后中心线（CB）在人体模型上,从后颈点开始,自上而下的人台纵向中心线。

胸围线（BL）过人体模型胸部最高点（BP）、围绕躯干一周的水平曲线。

腰围线（WL）过人体模型腰部最细处的一圈水平曲线。

臀围线（HL）过人体模型臀部最突起处、围绕躯干一周的水平曲线。腰围线与臀围线之间的垂直距离一般在18～20cm之间。

肩线（SL）人体模型侧颈点与肩点之间的沿肩连线。

侧缝线（SS）人体模型前后两面之间转折处的交接线。

领围线（NL）人体模型颈部与人体躯干之间转折处的交接线,过前颈点、后颈点以及侧颈点。

袖窿线（AH）人体模型上过肩点与前后腋点的闭合曲线。

公主线　人体模型上,前公主线是指过肩线中点、胸高点,且竖直向下延伸的线；后公主线是指过肩线中点、背突点,且竖直向下延伸的线。

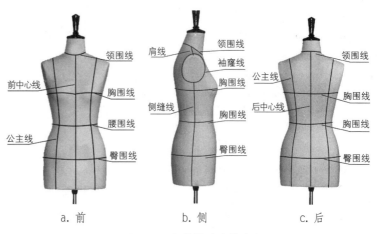

a. 前　　　　　b. 侧　　　　　c. 后

图 **1-7**　人体模型的基准线

● 人体模型的基准面

　　人体是由许多无规则的多角曲面组成的一个较为复杂的三维立体结构。而面与面的交接就形成了前面介绍过的关键线,线与线的交接便形成了人体模型上的关键点。这些线与点以及多边形的面,是用平面的布料来塑造合体服装造型的重要依据。

　　人体主要的水平基准截面如图1-8所示,包括颈部面、胸宽面、胸围面、腰围面、臀围面、大腿根部剖面等。

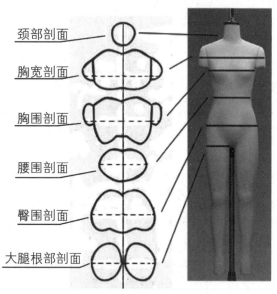

颈部剖面
胸宽剖面
胸围剖面
腰围剖面
臀围剖面
大腿根部剖面

图**1-8**　人体模型的基准截面

## 1.3.2　模型的基准线标定方法

　　人体模型上的标记线是立体裁剪的基准线,面料的丝缕线应与这些标记线吻合,这样才能保证立体裁剪的正确性。

● 标记部位

　　人体模型上所要标记的基准线有:

　　纵向为前中心线(CF)、后中心线(CB)、侧缝线(SS)、前后公主线;横向为胸围线(BL)、腰围线(WL)、臀围线(HL)、领围线(NL),其它还有肩线(SL)、袖窿线(AH)等。这些线的具体位置,在上节中已有详细说明(见图1-7)。

**14**

在进行标记之前,应先确保人体模型与地面垂直。不能简单的认为,将其放置于模架上即可。因为模型架本身以及地面,都有可能使得人体模型不水平。所以,在标记人台各基准线之前,应检查地面和人体模型水平与否。

标记所采用的美纹胶带应选用与人体模型对比效果明显的颜色。标记时的一个基本准则便是横平竖直。并且要注意标志线应自然地粘在人体模型上,不能被拉伸或起皱褶。

具体操作步骤如下：

**1）前中心线（CF）**

用线从前中心点（FNP）向下拉一条垂线。可在线下方拴系一重物,以确保此线的垂直,这样可确定了人台前中心线。前中心线的位置确定之后,用手从上至下将美纹胶带顺势抚平粘贴在人台上,在人体模型的下端应留出3～4cm的多余美纹胶带,将其顺势粘至模型的底端,如图1-9所示。

**2）后中心线（CB）**

从后中心点（BNP）向下标定后中心线。具体方法同前中心线的标定。前后、中心线的标定结束之后,需用软尺检查前、后中心线左右的距离是否相同,如图1-10所示。

**3）侧缝线（SS）**

自人台的腋下点开始,沿人台前后面的转折线,将美纹胶带自上而下延伸抚平,如图1-11所示。

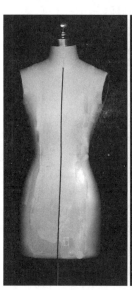 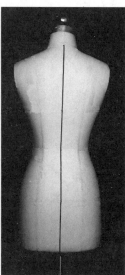 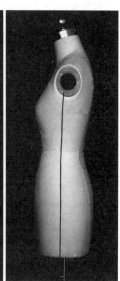

图 **1-9** 人体模型前中心线　图 **1-10** 人体模型后中心线　图 **1-11** 人体模型侧缝线

## 4)前公主线

  用美纹胶带从肩线的中点位置开始,过胸高点（BP）向下顺势延伸,在人体模型的下端应留出3～4cm的多余标志线,将其顺势粘至模型的底端。胸高点以下的线的标定,要考虑线形在整体上的分割美感,如图1-12a、b所示。

**小贴示:**

自上而下粘贴美纹胶带时,在人体模型的下端可多留一段,将其粘贴至人台的底端,这样美纹胶带在人体模型上更牢固,在操作过程中不易被拉起。

 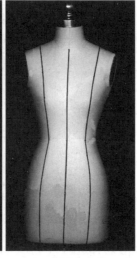

a. 左侧公主线        b. 右侧公主线

图 **1-12**　人体模型前公主线

## 5)后公主线

  用美纹胶带从肩线的中点位置开始,过肩胛突点向下顺势延伸,在人体模型的下端应留出3～4cm的多余美纹胶带,将其顺势粘贴至模型的底端。肩胛突点以下的线的标定,同样亦考虑线形在整体上的分割美感,如图1-13a、b所示。

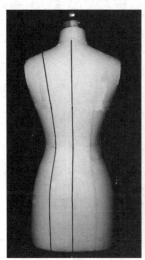 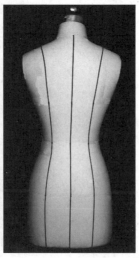

a. 左侧公主线        b. 右侧公主线

图 **1-13**　人体模型后公主线

### 6）胸围线（BL）

找到胸部最高点，确定胸围线的水平位置，按此高度用美纹胶带水平环绕人体模型一周，得到胸围线，如图1-14a、b、c所示。

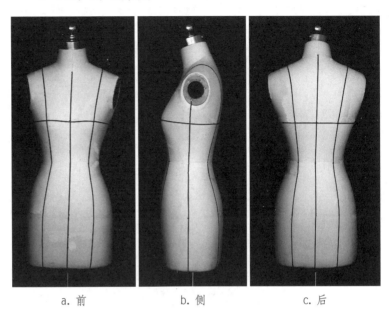

a. 前             b. 侧             c. 后

图 **1-14**　人体模型胸围线

### 7）腰围线（WL）

找到腰部最细处，从后中心线与此水平线相交的位置开始，用美纹胶带水平环绕模型一周，得到腰围线，如图1-15a、b、c所示。

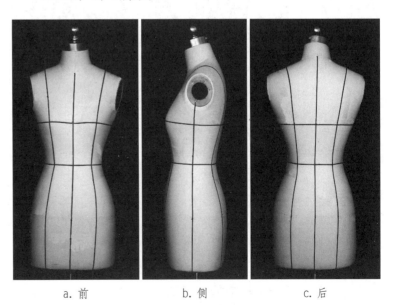

a. 前             b. 侧             c. 后

图 **1-15**　人体模型腰围线

## 8）臀围线（HL）

以臀部突起点为基准，用美纹胶带水平环绕人体模型一周，得到臀围线，如图1-16a、b、c所示。

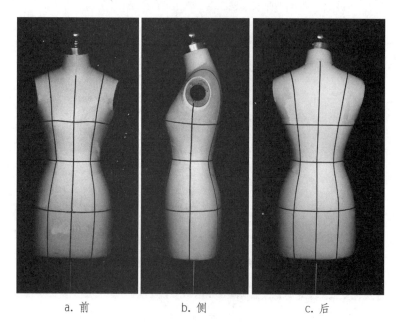

a. 前          b. 侧          c. 后

图**1-16** 人体模型臀围线

## 9）领围线（NL）

过前后中心点以及侧颈点，用美纹胶带沿人体模型的颈根部标出，如图1-17a、b、c所示。

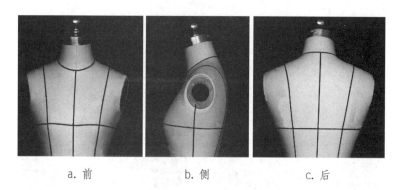

a. 前          b. 侧          c. 后

图**1-17** 人体模型领围线

## 10）袖窿线（AHL）

过肩点、前后腋点，用美纹胶带贴出袖窿的形状。袖窿线应圆顺，它并不是一个标准的圆形，从前腋点到袖窿底的曲线稍弯些，后腋点到袖窿底的曲线要比前面的直一些。贴的时候不要影响到正确的前胸宽与后背宽，如图1-18所示。

### 11）肩线（SL）

用美纹胶带连接肩点与侧颈点。贴好之后从人体模型的正前方水平望去，若该线呈一条细线状，则说明位置合适，此线刚好在前胸与后背曲面的转折位置，如图1-19所示。

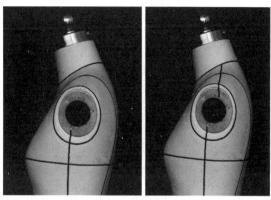

图 **1-18** 人体模型袖窿线 图 **1-19** 人体模型肩线

### 12）完成图

人体模型的基准线最终完成效果如图1-20a、b、c所示。

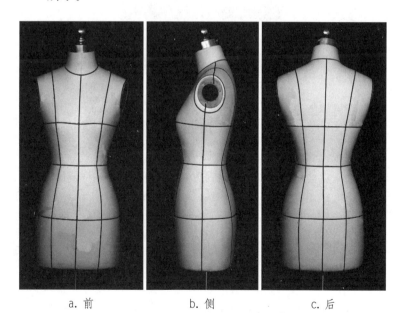

a. 前　　　　　　b. 侧　　　　　　c. 后

图 **1-20** 人体模型基准线完成图

### 13）造型线

当基准美纹胶带粘贴完成后，可用不同颜色的美纹胶带，在人台上根据款式图，贴出所需的造型线。有了基准美

**19**

纹胶带为参照,款式造型线可以更加准确,如图1-21所示为例(对应的服装款式造型请参看图6-26所示)。

图 *1-21*　人体模型造型线

### 1.3.3　手臂模型的制作

　　手臂模型是立体裁剪的重要工具,因此它的制作是立体裁剪过程中不可缺少的工具。手臂模型的形状和粗细应与人体手臂相似,长度比实际人体臂长稍长。

　　制作完成的模型应轻软有弹性,可自由弯曲,用珠针别于人台上即可使用。两头封口的手臂根与手腕截面挡布用硬纸板作衬垫,如图1-22所示。

● 制作使用材料

　　制作手臂模型所需材料及用途如下:
　　(1)中等厚的平纹白坯布　用作表布。
　　(2)腈纶棉　用于填充手臂。
　　(3)有色棉线　用于标记出手臂模型的主要参考线。
　　(4)硬纸板　用做手臂根与手腕截面的挡板衬垫。

● 制作结构图

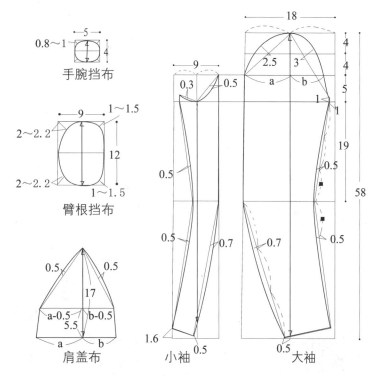

图 **1-22** 手臂模型结构图

● 制作方法

（1）在净样的基础上进行放缝，如图1-22所示。需要注意的是肩盖布的分解，在原有的结构图基础上，分成大小不同的两片肩盖布。

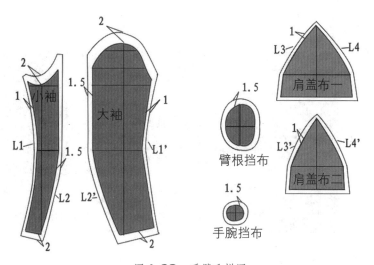

图 **1-23** 手臂毛样图

（2）在各样片上标出手臂的主要参考线，可采用画或是线缝的手法。

（3）将大袖、小袖两片反面相对，分别缝合L1、L1'和L2、L2'。缝好之后，将袖筒翻至正面。

（4）将与净样大小相同的硬纸板放入缝好的臂根挡布中，用手针沿臂根挡布的边缘粗缝一周，将布抽紧，在收缩口处再用大之字形线迹固定。

（5）用相同的方法制作手腕挡布。

（6）将肩盖布一与肩盖布二反面相对，分别缝合L3、L3'和L4、L4'，缝好之后翻转至正面。

（7）缝好之后的袖筒、手腕挡布、臂根挡布以及肩盖布如图1-24所示。

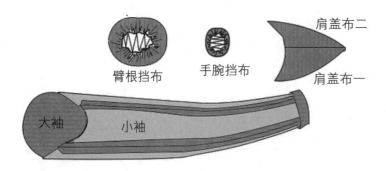

图**1-24** 布手臂缝合过程示意图

（8）将棉花均匀塞入缝好的手臂筒中，将臂根挡布与袖窿缝合，将手腕挡布与袖口缝合。

（9）将肩盖布的下口对准大袖的相同宽度的位置，对应缝合，最终效果如图1-25所示。

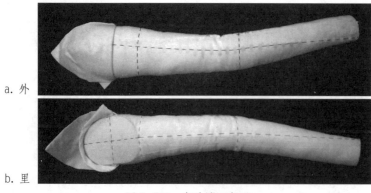

图**1-25** 布手臂示意图

## 1.3.4　人体模型的补正

● 补正目的

———　———　———

　　人体模型是根据人体的标准尺寸制作而成,可覆盖大部分人群。但在有一些情况下,需对人体模型进行补正。如当人体模型的某些部位的尺寸不足时,或当部分体型比较特殊时,亦或是有一些特殊造型的需求时,可根据不同的需要对模型的相关部位进行补正。

● 补正方法

———　———　———

　　补正人体模型一般将腈纶棉、针刺棉填附在所需部位上,塑成需要的形态,填料边缘要薄,用手针缲缝平服。下面介绍一些主要部位的补正。

**1)胸部补正**

　　当制作胸部平坦突起、双乳间无凹陷的服装时,可用布条进行补正。方法如下:准备一条净宽度为1cm、长度为乳间距+4~5cm的直纱布条,在人台的左右胸点用大头针绷直固定,如图1-26所示。

　　若要增加胸围的尺寸,则可在胸部圆锥造型上堆积棉花,边缘要逐渐自然的过渡,上面覆盖白坯布,制作成胸垫。可用大头针将胸垫固定在人体模型上,如图1-27所示。

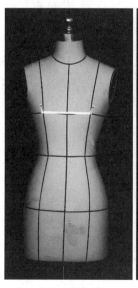 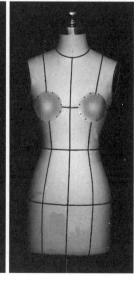

图 **1-26**　胸部补正一　　图 **1-27**　胸部补正二

## 2）肩部补正

若要增加肩部的高度,则将补正棉放在人体模型的肩上,上面覆盖白坯布,使用时用大头针固定于肩上。也可以直接采用已有垫肩进行补正,如图1-28所示。

## 3）腹部补正

若要增加腹突,则可在腹部堆积棉花,边缘要自然的过渡,上面覆盖白坯布,制作成腹垫。可用大头针将其固定在人体模型上,如图1-29所示。

## 4）背部补正

若要增加背突,则可在背部肩胛骨处堆积棉花,边缘要自然的过渡,上面覆盖白坯布,可用大头针将其固定在人体模型上,如图1-30所示。

## 5）臀部补正

若要增加臀围尺寸,则可在臀突处进行补正。具体方法同胸部等补正,如图1-31所示。

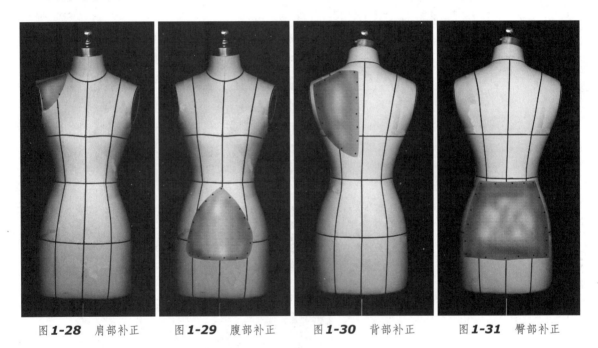

图 **1-28** 肩部补正　　图 **1-29** 腹部补正　　图 **1-30** 背部补正　　图 **1-31** 臀部补正

# *1.4* 立体裁剪的面料因素

## 1.4.1 面料的纱向归正

**小贴示：**

在对款式进行立体裁剪之前，应对面料的用量进行预测，并将所需面料的分部位裁片裁剪好，称之为采样。

进行立体裁剪之前，应对所用面料预先测量（即采样），并且检查面料的经纱与纬纱是否垂直。若面料的经纱线与纬纱线相互不垂直，则需要通过归正将纱线拉直。归正是确保经向及纬向相互垂直的过程。

归正方法如下：可以通过布边对折拉直，再用熨斗进行推拉、定型，直到丝缕相互垂直，如图1-32所示。

之后，在归正完毕的布料上画上正确的经向线和纬向线。

图*1-32* 面料的纱向归正

**小贴示：**

面料的经向纱线方向也常简称为丝缕线。其不仅是服装风格的形成因素还是生产中排料、裁剪的定位基准和参照。

## 1.4.2 面料的纱向准确

对面料进行立体裁剪时，应将面料在人体模型上顺势轻轻抚平，避免静态时面料与模型外表的不平整，服装各部位与对应形体之间都有一种明确的关系，经向纱线与地面垂直，纬向纱线与地面平行。如果纱线的经、纬向不正确，则服装穿着时会出现扭曲、松垂或上拉现象。

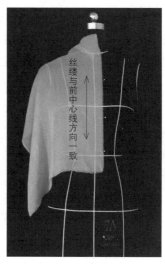

图*1-33* 面料的纱向摆放

在立体裁剪过程中，从开始直至最后，都要注意面料的纱向准确。这样才能做出美观、不变形的服装。

## 1.4.3 礼服常用面料举例

### ● 真丝乔其纱

乔其纱又称乔其绉，是以强捻绉经、绉纬制织的一种丝织物，乔其纱的名称来自法国（georgette）。系绉类丝绸织物。经纬线均以加强捻的丝二左二右排列相间交织成平纹组织的绉类丝织物。一般是采用强捻纱并配合一定的织物组织结构制成的，经纬密度紧密，炼染后起收缩作用。其特点是：有纵横均匀整齐的外观，绸面显出细微均匀的皱纹和明显的细纱孔，也有较强直皱纹的。其质地轻薄飘逸，透明，并富有伸缩弹性，缩水率也大，一般为10%～12%，面料如图1-34（彩图1）所示。

图 **1-34** 真丝乔其纱

### ● 素绉缎

属丝绸面料中的常规面料，亮丽的缎面非常高贵，手感滑爽，组织密实；该面料的缩水率相对较大，下水后光泽有所下降，如图1-35（彩图2）所示。

图 **1-35** 素绉缎

- 顺纡绉

织物结构采用平纹变化,尤其是喷水织造适应丝的高捻度,在前道经纬强捻的条件下,染整收缩后经纬丝扭曲,布面绉感明显,成品富有自然伸缩,交织点有牢固、不易松动、扒裂的特点,布面留有透孔点,如纱麻风格,产品除了具有柔软、滑爽、透气、易洗的优点外,舒适性更强,悬垂性更好。面料既可染色又可印花、绣花、烫金等,面料如图1—36(彩图3)所示。

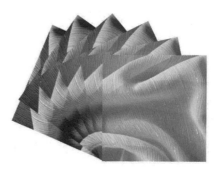

图**1-36** 顺纡绉

- 真丝府绸

府绸是一种线密度值较小密度较大的平纹组织织物。最早是指山东省历城、蓬莱等县在封建贵族或官吏府上织制的织物,其手感和外观类似于丝绸,故称府绸。

府绸结构紧密,布面光洁,质地轻薄,颗粒清晰,光泽莹润,手感滑爽,具有丝绸感。面料如图1—37(彩图4)所示。

图**1-37** 真丝府绸

# 1.5 针法种类与用法

所谓针法,即用珠针连接面料,将面料固定到人体模型上以及怎样对面料进行造型的珠针使用方法。

使用的基本原则如下:

(1) 珠针针尖在面料上不易插出过长,以稍微露出针尖为宜,这样会使面料美观,且不易划破手指。

(2) 珠针挑起的面料不易太多,这样会使插有珠针的面料相对柔和、自然,否则会使面料不平服且僵硬。

(3) 操作时,手捏住珠针的圆头来刺穿别合面料。

(4) 若对直线进行操作,则针距可稍大些,一般3cm左右比较合适;若对曲线进行操作,则珠针之间的距离可稍微再小些。这样别合出的造型才会牢固且平整。

立体裁剪过程中,根据需求不同,可使用多种针法对面料进行操作。本节将着重介绍一些常用针法的操作方法及其用途。

## 1.5.1 固定针法

● 单针固定(图1-38)

方法:用一根珠针将布料固定到人台上,要注意的是珠针方向与布的受力方向要相反,否则面料易滑动。

用途:用于单片面料的简单固定,立体裁剪中应用最多的针法。

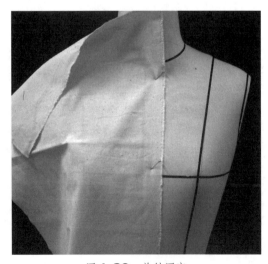

图**1-38** 单针固定

● 双针固定（图1-39）

方法：分为两种，一是珠针在同一点左右两方向固定；另一种是左右两根珠针交叉相别，中间别合一定的面料量。

用途：第一种方法用于固定面料，用此针法固定的面料牢固性好，面料不会随意滑动，如图1-39-a所示。第二种方法用于在坯布样衣中加松量，两珠针之间交叉的量就是所要加的松量，如图1-39-b所示。

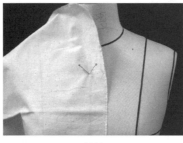 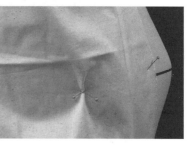

a. 针法一　　　　　　　　　　　b. 针法二

图 **1-39**　双针固定

## 1.5.2　别缝针法

方法：将一块布样折进一个缝份，压在另一块布样上，沿上层止口用珠针将上、下层布固定在一起，两根珠针一般相距2～3cm，如图1-40（彩图5）所示。

用途：在立裁中应用很多，常用于立裁的造型固定与整理。

a. 正面　　　　　　　　　　　b. 反面

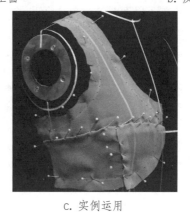

c. 实例运用

图 **1-40**　别缝针法

### 1.5.3　搭缝针法

方法：将一块布样搭到另一块布上，用珠针固定，如图1-41所示。

用途：常用于立裁过程中坯布的扩展与拼接。在对波浪裙进行立裁时，若侧缝起浪量不够，则可用搭缝针法临时补一块面料。

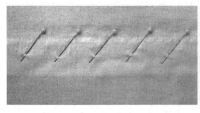 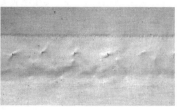

a. 正面　　　　　　　　　　b. 反面

图 **1-41**　搭缝针法

### 1.5.4　抓合针法

方法：将两块布样捏合到一起，用珠针固定，如图1-42所示。

用途：用于立裁中样衣造型的固定与调整。此针法方便调整，所以在样衣未定型之前经常使用。如常用于省道、侧缝、肩缝等部位。

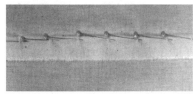 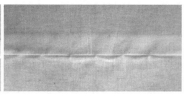

a. 正面　　　　　　　　　　b. 反面

图 **1-42**　抓合针法

### 1.5.5　隐藏针法

方法：用珠针在两层面料的内部上下别缝，布料的正面看不到珠针，如图1-43所示。

用途：常用成衣样片在袖子与袖窿腋下的别缝。

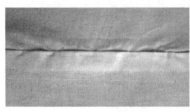 

a. 正面　　　　　　　　　　b. 反面

图 **1-43**　隐藏针法

人体体型具有对称性、复杂性和立体性。它由大大小小不同的曲面组成，在躯干部位主要有胸曲、腹曲、臀曲、肩胛曲等。为了塑造人体曲面，在结构设计中，可采用收省和分割的方法。省和分割线有多种形式，可有装饰性和功能性两种作用。本章介绍了省及分割线的基本原理、种类和特点，并对省和分割线立体裁剪的基本操作方法做了详细的介绍。

# 2 省及分割线在小礼服中的基础应用

# 2.1 省及分割线的基本原理

## 2.1.1 省的基本原理

● 省的定义

省,亦称省道、省缝、省位。它是指为了适合人体和造型需要,将一部分衣料缝去,以塑造出衣片曲面状态或消除衣片浮起余量的不平整部分。它是为衣身符合人体胸部、背部等隆起部位而设计,不同部位的省,其外观形态和功能都有所不同。如图2-1所示,将面料铺于人台上,图a所示为宽松状态,若要塑造合体突面,则需将余量消除,即用珠针将余量抓合,形成省道,如图b所示。

**小贴示:**
在立体裁剪中我们可以看到衣身的造型呈现出两种基本状态:宽松式与合体式。宽松式表现为面料与人体是一种离体状态,形成了一定的空间;而合体式则面料与人体是贴合的,呈现出贴体状态,这种贴体状态的产生关键就在于省的运用。

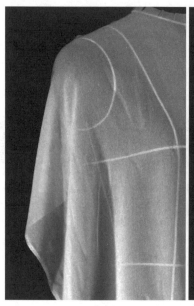 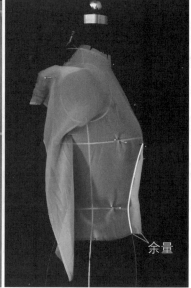

余量

  a. 宽松状态        b. 余量的形成

图 **2-1** 面料在人体上形成的省

● 省的存在原理

### 1)省的存在原因

人体主要有四个大的突面,包括胸突、背突、腹突以及臀突,如图2-2所示。此外,还有其它大大小小的曲面。对应不同特征的突点,省的形状也不同。胸突明显,位置明确,所以胸省省尖位置明确,省量比较大。肩胛突起比较大,但没有明显的高点,腹突和臀突呈带状分布,位置模糊。

**小贴示:**
省是矢量,既有方向又有大小,省尖指向是省的方向,省长和省宽为省的大小,如下图所示。

省宽

省长

省尖

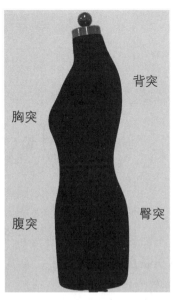

图 **2-2** 人体主要突面示意图

下面以胸突为例来说明省的形成过程。如图2-3所示，把胸部近似想象成一个锥形，A为胸高点，将一圆形坯布附在胸部，将AB与AC两边捏合，则形成贴合胸部的锥面。展开后，则在圆形坯布上形成扇形BAC，这便是省的最简单的形式。可以看出，扇形的存在使得坯布形成立体造型。这个扇形便是省道，因为省的存在，使得平面结构变为立体。

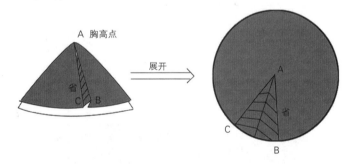

图 **2-3** 省的形成原理

### 2)省的转移

省的个数的多少、省尖的指向、省的位置都可根据需要进行调整。如图2-4所示，左图阴影部分AOB为省，与中图阴影部分COD的大小相同，但位置不同，两者都可以形成相同的突面，这表明，省可围绕着相同的顶点转移，只要省的大小相同，便可塑造相同的突面，只是省的位置会发生变化；右图两部分阴影EOF和GOH之和与AOB、COD相同，则塑造的突面也相同，不同的只是省的位置和数量。

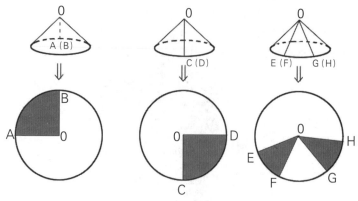

图 **2-4** 省的移动原理

　　总之,在不改变省道顶点的前提下,无论是省道位置变化,还是省的数量变化,最终省的总量不会改变,所形成的圆锥体的立体外形始终相同。

　　省是女装结构设计的灵魂,省量大小和方向的变化会影响服装轮廓及造型的变化,省的位置的变化会引起结构的变化。只要能掌握基本结构中省的指向规律和对应的作用范围,便可对服装结构进行灵活设计。

## 2.1.2　分割线的应用原理

● 分割线的定义

　　为符合人体体型和造型的需要,将人体各部位进行分割而形成的缝,如图2-5所示。分割线一般按方向和形状进行命名,如刀背分割线;也有由传统服饰形成的名称,如公主分割线等。

图 **2-5** 分割线示意图

### 1）分割线的功能

分割线可以说是服装结构造型元素中造型功能最强大且最常用的结构造型元素。通过分割线对服装进行分割处理,可借助视错原理改变人体的自然形态,创造理想的比例和完美的造型。在服装设计中我们可运用分割线的形态、位置和数量的不同组合,形成服装的不同造型及合体状态的变化规律。

分割线具有两大功能, 即实用与装饰两个功能。其实用功能表现在将省量放入分割线中,从而达到合体的效果。装饰功能是指分割线增强了服装的美感。一般来说,具有实用功能的分割线必然有一定的装饰功能, 这也是分割线被广泛采用的原因之一。如图2-5中所展示的分割线,综合体现了其实用性与装饰性。

### 2）连省成缝

服装上的分割是为了使服装在合理化与人性化的探求上更完整、更有表现力。既能根据人体的曲线,将裁片的结构进行分割缝合,具有功能性等特点,又能改变人体的一般形态,塑造出新的、带有强烈个性的时装款式,起到装饰美化的作用。而在平面结构设计中将省隐藏于分割线中,使单纯的分割线不仅具有外在的形式美感,同时还具有内在的结构意义。

这种手法便称为"连省成缝",也就是说当两个省都指向同点时,可以将这两省连接起来,形成一条分割线,但是其造型的功能要远远地大于省道。在服装结构设计中,在不影响款式造型的基础上,常将关联的省进行连省成缝处理。如图2-6所示,两个指向同一点的省,可以联在一起,形成分割线,得到独立的两片。

通过"连省成缝"得到的分割线,不仅具有功能性,也具有装饰性。如公主线分割,就是通过此种方法得到。具有此分割线设计的服装会使得穿着者看上去挺拔修长,并能达到合体的效果。

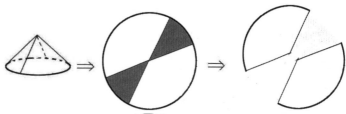

图 **2-6** 连省成缝

# 2.2 省及分割线的种类及特点

## 2.2.1 省的种类及特点

● 省的种类及特点

省的形式多种多样。可以是单个的，可以是多方位分散的，可以是直线形，也可以是曲线形、弧线形、也可以连省成缝或做成褶裥。省的多种多样的变化，可引起服装的外观造型的不同变化。

服装不同部位的省道，其所在位置和外观形态是不同的，分类方法有两种。

1）按省道的形态分

(1) 锥形省：省形类似锥形。常用于制作圆锥形曲面，如腰省、袖肘省等。

(2) 钉子省：省形类似钉子形状的省道，上部较平，下部呈尖形。常用于表达肩部和胸部复杂形态的曲面，如肩省、领口省等。

(3) 橄榄省：省的形状两端尖，中间宽，常用于上装的腰省。

(4) 弧形省：省形为弧形状，省道有从上部至下部均匀变小及上部较平、下部呈尖形等形态，也是一种兼备装饰性与功能性的省道。

(5) 开花省：省道一端为尖形，另一端为非固定形，或两端都是非固定的平头开花省。收省布料正面呈镂空状，是一种具有装饰性与功能性的省道。

各种省的形态如图2-7所示。

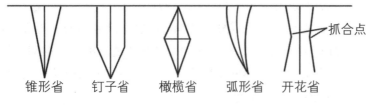

锥形省　钉子省　橄榄省　弧形省　开花省

图 **2-7**　按形态分省的类别

2）按省道所在服装部位的名称分

(1) 肩省：省底在肩缝部位的省道，常做成钉子形。前衣身的肩省是为做出胸部形态，后衣身的肩省是为做出肩胛骨形态，如图2-8中a所示。

(2) 领省：省底在领口部位的省道，常做成上大下小均匀变化的锥形。主要作用是做出胸部和背部的隆起形态以及做出符合颈部形态的衣领设计。领省常代替肩省，因为它有隐蔽的优点，如图2-8中b所示。

(3) 前中心省：省底在前中心部位的省道，常做成钉子形，可以塑造出胸部形态，如图2-8中c所示。

(4) 腰省：省底在腰节部位的省道，常做成锥形，如图2-8中d所示。

(5) 侧缝省：省底在侧缝部位的省道，常做成钉子形。前衣身的侧缝省是为做出胸部形态，如图2-8中e所示。

(6) 袖窿省：省底在袖窿部位的省道，常做成锥形。前衣身的袖窿省做出胸部形态，后衣身的袖窿省做出背部形态，常以连省成缝形式出现，如图2-8中f所示。

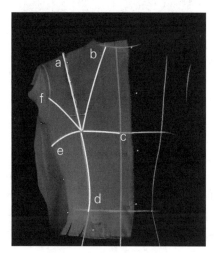

图 *2-8* 按部位分省的类别

## 2.2.2 分割线的种类及特点

● 分割线的种类及特点

分割线在服装造型中有重要的价值，它既能构成多种形态，又能起装饰和分割形态的作用；既能随着人体的线条进行塑型，也可以改变人体的一般形态而塑造出新的、带有强烈个性的形态。

**1）按分割线的作用分**

(1) 造型分割线

造型分割线是指为了服装造型的需要，附加在服装上起装饰作用的分割线，分割线所处部位、形态、数量的改变会引起服装造型的变化。

（2）功能分割线

功能分割线是指用来塑造人体基本体形，且使加工方便的分割线。此类分割线可突出胸部、收紧腰部、扩大臀部，更好的突出人体曲面。

在服装造型设计中，一条分割线通常会有造型和功能两方面的作用。如图2-9所示，这些折线分割不仅塑造了人体突面，而且也有装饰的效果。

图**2-9**　兼有造型与实用的分割线

### 2）按分割线的形态分

（1）直线分割线

所谓直线分割线是指成型后服装上的分割线呈现出直线的效果。在直线分割中通过省的移动处理后的断缝不一定是直线，也不可能是直线，这是因为人体有凹凸曲面的缘故，但经加工成服装后则给人以直线的感觉。

在服装设计中，直线分割又包含横向分割、纵向分割和斜向分割，分别如图2-10中a、b、c所示。

  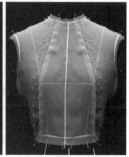

a.　横向分割　　　　b.　纵向分割　　　　c.　斜向分割

图**2-10**　直线分割线

**38**

（2）曲线分割线

曲线的形式多种多样。有直就有曲,曲和直是相对而言的,服装是立体的雕塑,人体也是一个三维的空间。要围绕人体包装出最佳的着装效果,曲线的功劳是不可忽略的。曲线的形状可以有多种多样的变化。如图2-11所示,自胸到腰、臀设计两条曲线,更加突显人体曲线。

图 **2-11** 曲线分割线

# 2.3 省及分割线在小礼服中的基础应用

## 2.3.1 省在小礼服中的基础应用

人体上半身最主要的突面是胸突又称胸立体。胸省可围绕胸突进行位置变化,不论在任何位置,都可以很好地塑造出人体的胸突。

● 单个省的转移
— — — — — — — — — — — — — — — — — — — —

### 1)肩省

(1)款式造型图

图 *2-12* 款式造型图

(2)采样示意图

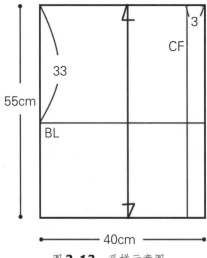

图 *2-13* 采样示意图

（3）制作步骤

① 将面料的纵向参考线与人台前中心线对齐，水平参考线与人台胸围线对齐，前中心为直丝缕，自上而下用珠针固定。

② 身前颈点逆时针方向抚平领窝弧线，若面料不平服则打剪口，固定侧颈点。

③ 从前中心线下方开始，围绕胸突顺时针方向抚平面料。腰部若不平服，则每2～3cm打剪口。

④ 抚平侧缝，粗略修剪。再向上抚平袖窿，沿袖窿弧线修剪，粗留缝份。

⑤ 此时，所有的余量都抚到了肩部，固定肩点，形成肩省，用抓合针法将其固定。最终效果如图2-14中a、b、c所示。

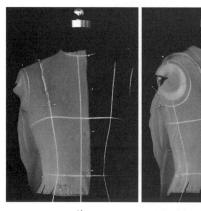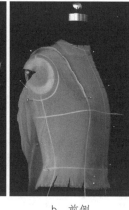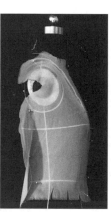

a. 前　　　　　　　b. 前侧　　　　　　　c. 侧

图 **2-14** 肩省

（4）完成纸样

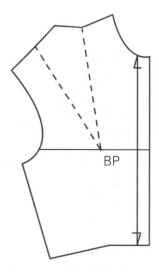

BP

图 **2-15** 完成纸样示意图

2）袖窿省

（1）款式造型图

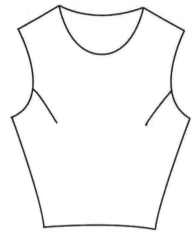

图 *2-16* 款式造型图

（2）采样示意图 同图2-13所示。

（3）制作步骤

① 将面料的纵向参考线与人台前中心线对齐,水平参考线与人台胸围线对齐,前中心为直丝缕,自上而下用珠针固定。

② 在前中心线下方开始,围绕胸突顺时针方向抚平面料。腰部若不平服,则每2～3cm打剪口。

③ 抚平侧缝,腋下用珠针固定。

④ 自前颈点开始,围绕胸突逆时针方向抚平领口及肩部。

⑤ 将所有的余量都抚至袖窿处,形成袖窿省。最终效果如图2-17中a、b所示。

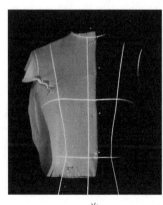

a. 前　　　　　　　　b. 侧

图 *2-17* 袖窿省

（4）完成纸样

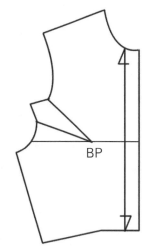

图 **2-18** 　完成纸样示意图

### 3）腰省

（1）款式造型图

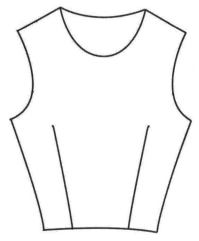

图 **2-19** 　款式造型图

（2）采样示意图　同图2－13所示。

（3）制作步骤

① 将面料的纵向参考线与人台前中心线对齐,水平参考线与人台胸围线对齐,前中心为直丝缕,自上而下用珠针固定,如图2-20中a、b所示。

② 自前颈点逆时针方向抚平领口,沿领围线粗修,每2～3cm打剪口。

③ 抚平肩部、袖窿、侧缝,用珠针固定。

④ 将所有的余量都抚至腰部,形成腰省。最终效果如图2-20中c、d所示。

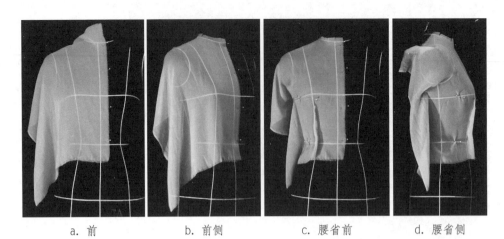

| a. 前 | b. 前侧 | c. 腰省前 | d. 腰省侧 |

图 **2-20**　腰省

（4）完成纸样

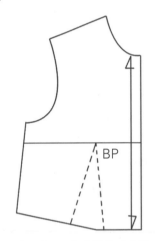

图 **2-21**　完成纸样示意图

4）侧缝省

（1）款式造型图

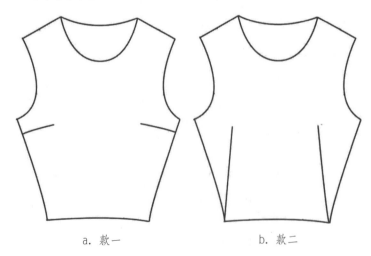

| a. 款一 | b. 款二 |

图 **2-22**　款式造型图

**44**

（2）采样示意图　同图2—13所示。

（3）制作步骤

① 将面料的纵向参考线与人台前中心线对齐，水平参考线与人台胸围线对齐，前中心为直丝缕，自上而下用珠针固定。

② 抚平领口，粗略修剪，若不平服，则2～3cm打剪口。

③ 逆时针方向抚平肩部、袖窿，用珠针固定。

④ 自前中心下方顺时针方向抚平腰部，每隔2～3cm打剪口。

⑤ 将所有的余量都抚至侧缝处，形成侧缝省。

⑥ 可根据造型的需要改变侧缝省的方向，最终效果如图2—23中a、b、c、d所示。　其中，图a、b为水平侧缝省；图c、d为斜向侧缝省。

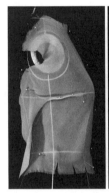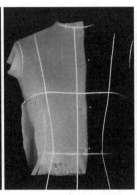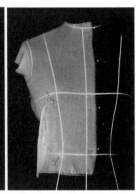

a. 水平侧缝省侧面　　b. 水平侧缝省正面　　c. 斜向侧缝省侧面　　d. 斜向侧缝省正面

图 **2-23** 侧缝省

（4）完成纸样

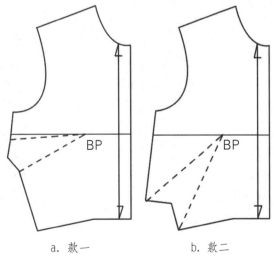

a. 款一　　　　　　　b. 款二

图 **2-24**　完成纸样示意图

5）领口省

（1）款式造型图

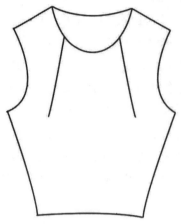

图 **2-25**　款式造型图

（2）采样示意图　同图2-13所示。

（3）制作步骤

① 将面料的纵向参考线与人台前中心线对齐，水平参
考线与人台胸围线对齐，前中心为直丝缕，自上而
下用珠针固定。

② 自前中心顺时针方向抚平腰部，每隔2～3cm打
剪口。

③ 依次抚平侧缝、袖窿、肩部，用珠针固定。

④ 将所有的余量都抚至领口处，形成领口省，用抓合
针法固定，最终效果如图2-26中a、b所示。

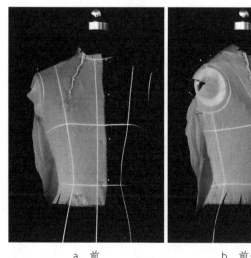

　　a. 前　　　　　　　b. 前侧

图 **2-26**　领口省

（4）完成纸样

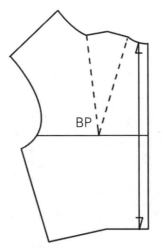

图 **2-27** 完成纸样示意图

## 6）前中心省

（1）款式造型图

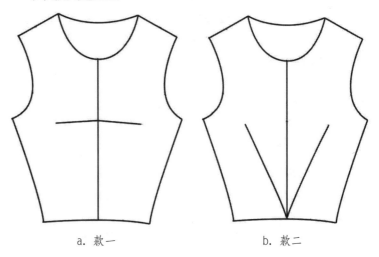

a. 款一                                b. 款二

图 **2-28** 款式造型图

（2）采样示意图　同图2-13所示。

（3）制作步骤

  ① 将面料的纵向参考线与人台前中心线对齐,水平参考线与人台胸围线对齐,前中心为直丝缕,自上而下用珠针固定。

  ② 自前颈点逆时针方向抚平领口,沿领窝弧线粗略修剪,每隔2～3cm打剪口。

  ③ 依次抚平肩部、袖窿、侧缝、腰部,用珠针固定,不平服处打剪口。

  ④ 将所有的余量都抚至前中心处,省的方向可根据造

型的需求而变化,最终效果如图2-29中a、b、c
所示。其中,图a为前中心省水平时的最终效果,
图b为斜向的前中心省造型效果。

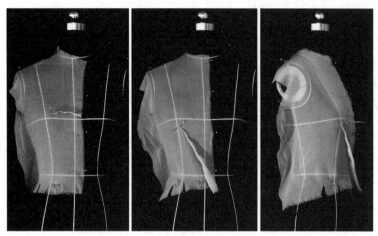

a.　水平前中心省正面　b.　斜向前中心省正面　c.　斜向前中心省侧面

图**2-29**　前中心省

（4）完成纸样

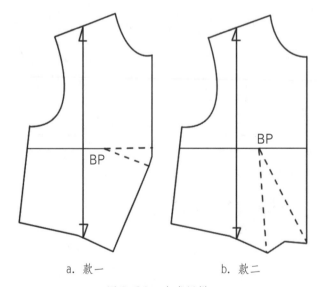

a.　款一　　　　　　b.　款二

图**2-30**　完成纸样

● 单省到多省的转移
— — — — — — — — — — — — — — — — — — — — —

　　除了围绕胸突进行单省的转移,根据省转移原理,单省
也可以进行多省的转移。

1）双腰省造型
(1) 款式造型图

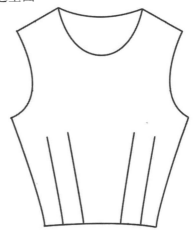

图 **2-31**  款式造型图

(2) 采样示意图  同图2-13所示。
(3) 制作步骤

①　将面料的纵向参考线与人台前中心线对齐,水平参考线与人台胸围线对齐,前中心为直丝缕,自上而下用珠针固定。

②　沿逆时针方向抚平领口,粗修缝份,每隔2～3cm打剪口。

③　依次抚平肩部、袖窿、侧缝,用珠针固定。

④　将所有的余量都抚至腰部,将省量一分为二,用抓合针法固定。省的位置可根据造型而定,同时应考虑省尖应在胸突附近。最终效果如图2-32中a、b所示。

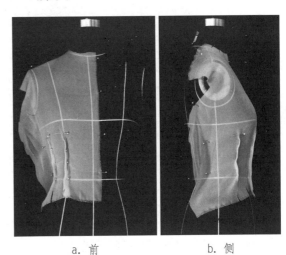

a. 前　　　　　　　　b. 侧

图 **2-32**  双腰省造型

（4）完成纸样

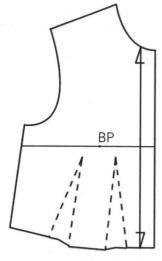

图**2-33** 完成纸样示意图

## 2）双侧缝省造型

（1）款式造型图

图**2-34** 款式造型图

（2）采样示意图 同图2-13所示。

（3）制作步骤

① 将面料的纵向参考线与人台前中心线对齐,水平参考线与人台胸围线对齐,前中心为直丝缕,自上而下用珠针固定。

② 沿逆时针方向抚平领口,粗修缝份,每隔2～3cm打剪口。

③ 依次抚平肩部、袖窿,用珠针固定。

④ 自前中心下方顺时针抚平腰部,沿腰围线粗修,隔

2~3cm打剪口。

⑤ 将所有的余量都抚至侧缝处,将省量一分为二,用抓合针法固定。省的位置可根据造型而定,同时应考虑省尖应在胸突附近。最终效果如图2-35中a、b所示。

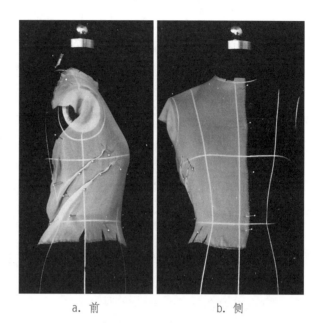

a. 前　　　　　　　　b. 侧

图 **2-35**　双侧缝省造型

（4）完成纸样

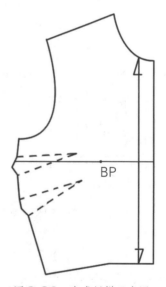

图 **2-36**　完成纸样示意图

### 3)双领口省造型

(1) 款式造型图

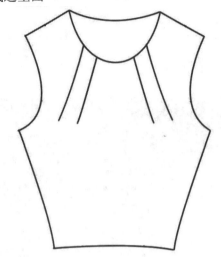

图 **2-37**　款式造型图

(2) 采样示意图　同图 2-13所示。

(3) 制作步骤

① 将面料的纵向参考线与人台前中心线对齐,水平参考线与人台胸围线对齐,前中心为直丝缕,自上而下用珠针固定。

② 自前中心下方顺时针抚平腰部,沿腰围线粗修,隔 2~3cm打剪口。

③ 依次抚平侧缝、袖窿、肩,粗修缝份,不平服处打剪口。

④ 将所有的余量都抚至领口处,将省量一分为二,用抓合针法固定。省的位置可根据造型而定,同时应考虑省尖应在胸突附近。最终效果如图2-38a、b所示。

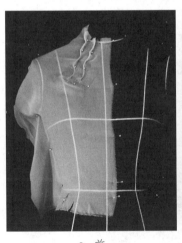 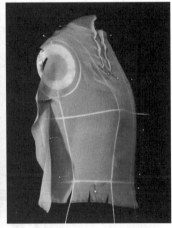

a. 前　　　　　　　b. 侧

图 **2-38**　双领口省造型

（4）完成纸样

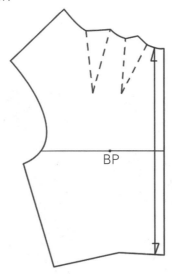

图 **2-39**　完成纸样示意图

### 4）双前中心省造型

（1）款式造型图

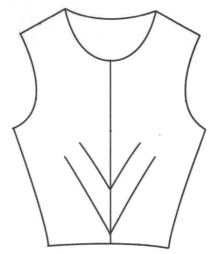

图 **2-40**　款式造型图

（2）采样示意图　同图2-13所示。

（3）制作步骤

①　将面料的纵向参考线与人台前中心线对齐,水平参考线与人台胸围线对齐,前中心为直丝缕,自上而下用珠针固定。

②　自前中心上方逆时针抚平腰部,沿腰围线粗修,隔2～3cm打剪口。

③　依次抚平领口、肩、袖窿、侧缝,粗修缝份,不平服处打剪口。

④ 将所有的余量都抚至前中心线下方,将省量一分为二,用抓合针法固定。省的位置可根据造型而定,同时应考虑省尖应在胸突附近。最终效果如图2-41所示。

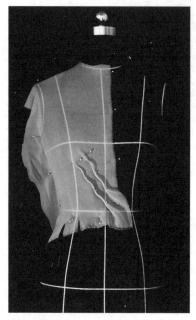

图 **2-41** 双前中心省造型

(4) 完成纸样

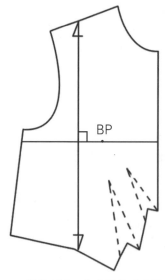

BP

图 **2-42** 完成纸样示意图

5）肩省与腰省

(1) 款式造型图

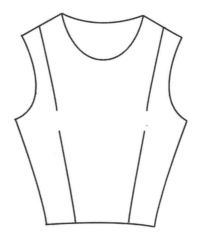

图 **2-43** 款式造型图

（2）采样示意图　同图 2-13 所示。

（3）制作步骤

① 将面料的纵向参考线与人台前中心线对齐,水平参考线与人台胸围线对齐,前中心为直丝缕,自上而下用珠针固定。

② 自前中心上方逆时针抚平领口,沿领围线粗修,隔 2～3cm 打剪口,在侧颈点处单针固定。

③ 将面料的横丝缕方向与胸围线平行,以胸围线为分界,向上逆时针自侧缝至袖窿依次抚平,则在肩部可形成一个省。

④ 胸围线水平对齐后,沿侧缝顺时针方向,抚平侧缝,将另外一部分余量放至腰部,形成腰省。

⑤ 形成的肩省和腰省省尖都指向胸部最高点,两个省的位置可与人台公主线重合。最终效果如图 2-44 中 a、b 所示。

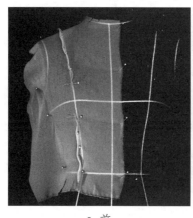 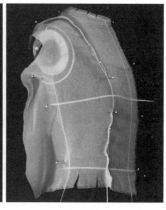

a 前　　　　　　　　b. 侧

图 **2-44** 肩省与腰省

（4）完成纸样

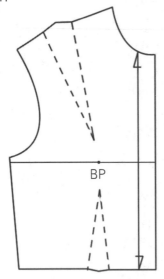

图 **2-45** 完成纸样示意图

## 6）前中心省与侧缝省

（1）款式造型图

图 **2-46** 款式造型图

（2）采样示意图 同图2-13所示。

（3）制作步骤

① 将面料的纵向参考线与人台前中心线对齐，水平参
考线与人台胸围线对齐，前中心为直丝缕，自上而
下用珠针固定。

② 自前中心上方逆时针抚平领口，沿领围线粗修，隔
2～3cm打剪口，在侧颈点处单针固定。

③ 依次抚平肩部与袖窿。

④ 自胸突点沿公主线向下抚平，在公主线与腰围线相

交处用珠针固定。将公主线左侧的面料沿顺时针自腰部向侧缝抚平,此时会在侧缝形成余量,用抓合针法在胸围线处形成一个侧缝省。

⑤ 将公主线右侧的面料沿逆时针自腰部向前中心抚平,此时会在前中心处形成余量,用抓合针法在胸围线位置形成一个前中心省。

⑥ 形成的前中心省和侧缝省省尖都指向胸部最高点,两个省的位置可与人台胸围线重合。最终效果如图2-47中a、b所示。

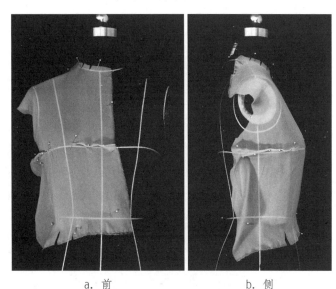

a. 前             b. 侧

图 **2-47**   侧缝省与前中心省

（4）完成纸样

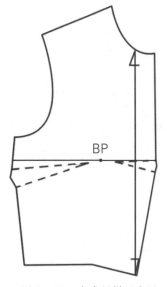

BP

图 **2-48**   完成纸样示意图

## 7）领口省与腰省

（1）款式造型图

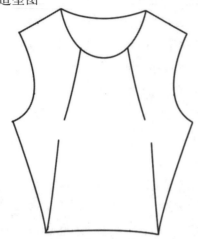

图 **2-49** 款式造型图

（2）采样示意图　同图2-13所示。

（3）制作步骤

① 将面料的纵向参考线与人台前中心线对齐，水平参考线与人台胸围线对齐，前中心为直丝缕，自上而下用珠针固定。

② 自前颈点逆时针抚平领口，沿领围线粗修，隔2～3cm打剪口，在侧颈点处单针固定。

③ 依次抚平肩部与袖窿以及侧缝。

④ 在腰部用抓合针法做出一个斜向的、指向胸突的腰省，完成之后，继续将面料沿逆时针方向抚平。

⑤ 将多余的面料放至领口处，将其抓合，形成领口省。最终效果如图2-50中a、b所示。

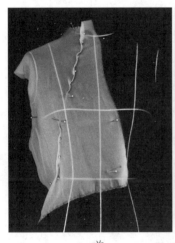
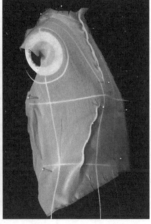

a. 前　　　　　　　　　b. 侧

图 **2-50**　领口省与腰省

（4）完成纸样

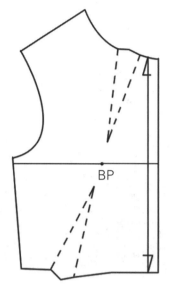

图 **2-51**　完成纸样示意图

### 8）多个侧缝省

（1）款式造型图

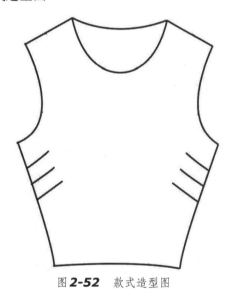

图 **2-52**　款式造型图

（2）采样示意图　同图 2-13 所示。

（3）制作步骤

操作顺序与两个侧缝省的形成相同，只是在侧缝处，将余量分成三个甚至多个，用抓合针法固定。如图 2-53 中 a、b 所示，为三个平行侧缝省造型。

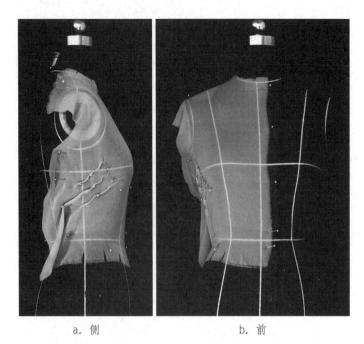

a. 侧                          b. 前

图 **2-53**　多个平行侧缝省

（4）完成纸样

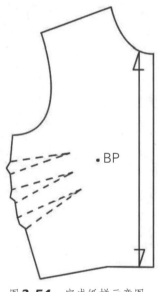

・BP

图 **2-54**　完成纸样示意图

## 2.3.2　分割线在小礼服中的应用

**1）肩部公主线分割**

　　将肩省与腰省连在一起，形成肩部公主线分割造型。

（1）款式造型图

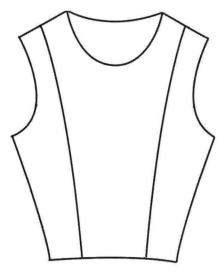

图 **2-55**　款式造型图

（2）采样示意图

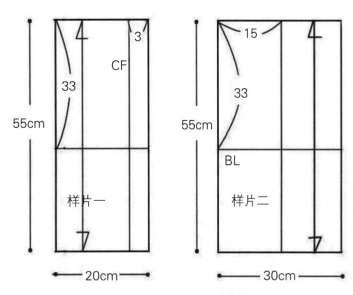

图 **2-56**　采样示意图

（3）制作步骤

当两个省的省尖指向同一点时，则会出现"连省成缝"的造型效果。

样片一具体操作如下：

① 将样片一的纵向参考线与人台的前中心线对齐，水平参考线与人台胸围线对齐，在前中心线上用珠针自上而下单针固定。

② 自前颈点开始，逆时针方向沿领窝弧线抚平，粗修领围，不平服处2～3cm打剪口，单针固定。

③ 继而抚平肩部,将多余的量放入样片一的左侧分割线中。

④ 自前中心下方顺时针抚平腰部,不平服处2 ~ 3cm打剪口,沿腰围线粗修。

⑤ 将形成的余量放入样片一的左侧分割线中,沿左侧分割线用珠针固定。最终效果如图2-57-a所示。

样片二具体操作如下:

① 将样片二的水平参考线与人台的胸围线对齐,纵向参考线与样片二胸围线的中点对齐。

② 在纵向参考线右侧,胸围线以上,顺时针方向依次抚平袖窿、肩部,将余量放入公主分割线中;胸围线以下,逆时针方向抚平腰部,将余量放入公主分割线中。沿公主线粗修,留2 ~ 3cm缝份。

③ 在纵向参考线左侧,胸围线以上,逆时针方向抚平袖窿,将余量放入侧缝中;胸围线以下,顺时针抚平腰部,将余量放入侧缝中,粗修,留 2 ~ 3m缝份,如图2-57-b所示。

将样片一、二用别合针法别在一起,最终效果如图2-57中c、d所示。

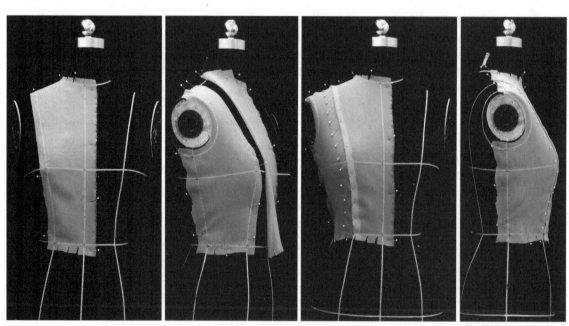

a. 前中片　　　　b. 前侧片　　　　c. 最终造型正面示意图　　d. 最终造型侧面示意图

图2-57　肩部公主线分割

（4）完成纸样

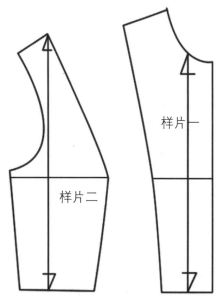

图 **2-58** 完成纸样示意图

## 2）横向胸围线分割

将侧缝省与前中心省连在一起,形成横向胸围线分割造型。

（1）款式造型图

图 **2-59** 款式造型图

（2）采样示意图

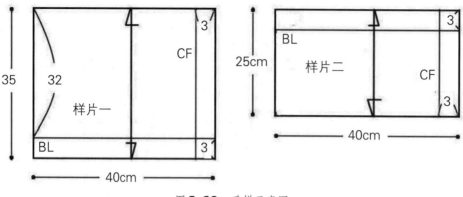

图 **2-60** 采样示意图

（3）制作步骤

　　将胸围线上相对的两个省连在一起,便形成了横向胸围线分割造型。横向胸围线分割的立体裁剪过程如下图2-61中a、b、c、d、e、f所示。

　　样片一具体操作如下:

① 将样片一的纵向参考线与人台的前中心线对齐,水平参考线与胸围线对齐,在前中心线上用珠针自上而下单针固定。

② 自前颈点开始,逆时针方向抚平领窝弧线,粗修领围,不平服处2~3cm打剪口,单针固定。

③ 依次抚平肩部、袖窿、侧缝,将余量放入样片一的下方造型线中,粗修,留2~3cm缝份。一边抚平一边用单针固定,如图2-61中a、b所示。

　　样片二具体操作如下:

① 将样片二的纵向参考线与人台的前中心线对齐,水平参考线与胸围线对齐,在前中心线上用珠针自上而下单针固定。

② 自前中心下方开始,逆时针依次抚平腰部,侧缝不平服处2~3cm打剪口,单针固定,一边抚平一边用单针固定。

③ 将余量放入样片二的上方造型线中,如图2-61中c、d所示。

④ 用别合针法别合样片一、二。最终效果如图2-61中e、f所示。

**64**

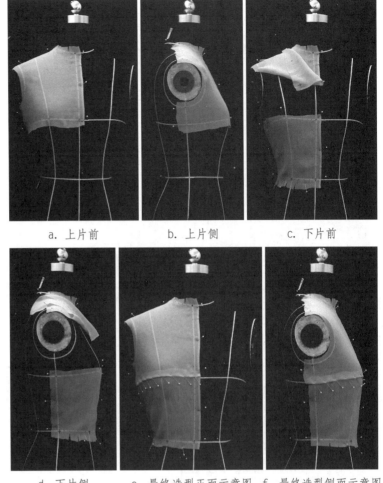

a. 上片前　　　　　b. 上片侧　　　　　c. 下片前

d. 下片侧　　e. 最终造型正面示意图　f. 最终造型侧面示意图

图 *2-61*　横向胸围线分割

（4）完成纸样

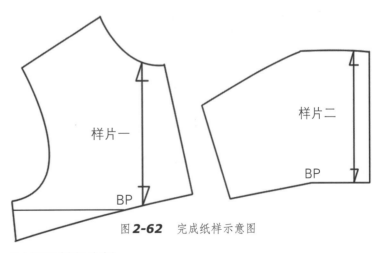

样片一

BP

样片二

BP

图 *2-62*　完成纸样示意图

### 3）领口斜向分割

将领口省与侧缝省连在一起，形成自领口斜向分割线造型。

（1）款式造型图

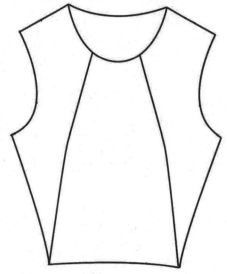

图 **2-63**　款式造型图

（2）采样示意图

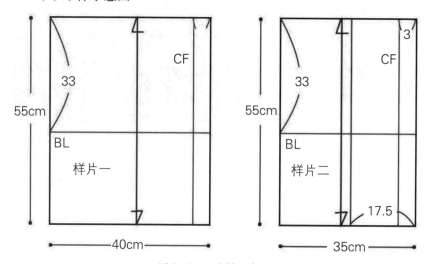

图 **2-64**　采样示意图

（3）制作步骤

　　将指向同一点的斜向领口省与斜向腰省相连接,便形
成了领口斜向分割线造型。

　　样片一具体操作如下:

① 将样片一的纵向参考线与人台的前中心线对齐,水
　平参考线与胸围线对齐,在前中心线上用珠针自上
　而下单针固定。

② 自前颈点开始,逆时针方向抚平侧颈点,粗修领围,
　单针固定。

**66**

③ 自前中心下方顺时针抚平腰部,不平服处2~3cm打剪口,沿腰围线粗修。

④ 将形成的余量放入样片一的左侧分割线中,沿分割线单针固定。最终效果如图2-65中a、b所示。

样片二具体操作如下:

① 将样片二的水平参考线与人台的胸围线对齐,纵向参考线与样片二胸围线的中点对齐。

② 在中心线右侧,胸围线以上,顺时针方向依次抚平袖窿、肩部,将余量放入公主分割线中;胸围线以下,逆时针方向抚平腰部,将余量放入分割线中。沿分割线粗修,留2~3cm缝份。

③ 在中心线左侧,胸围线以上,逆时针方向抚平袖窿,将余量放入侧缝中;胸围线以下,顺时针抚平腰部,将余量放入侧缝中,粗修,留2~3m缝份,如图2-65中c、d所示。

④ 将样片一、二用别合针法别在一起,最终效果如图2-65中e、f所示。

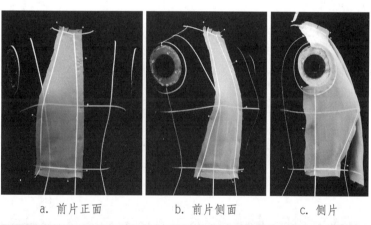

a. 前片正面　　　　b. 前片侧面　　　　c. 侧片

d. 侧片正面　　　e. 最终造型正面示意图　f. 最终造型侧面示意图

图**2-65**　领口斜向分割

（4）完成纸样

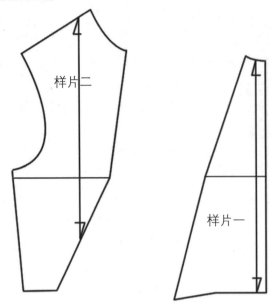

样片二

样片一

图 **2-66** 完成纸样示意图

# 2.4 综合运用

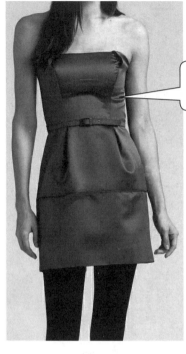

将余量放入腰省中,塑造出胸突,达到合体的效果。

图 **2-67** 款式一

将余量通过两个腰省进行处理,并将其造型作成发散状,与整体款式风格一致。

图 **2-68** 款式二

公主线分割造型,不同样片选用纯色面料与花色面料对比,突出分割线。

图 **2-69** 款式三

将余量通过多条纵向分割线消除,达到合体的效果。且延伸至腰线以下,塑造出凹凸有致的胸腰曲线。

图 **2-70** 款式四

将腰部余量通过多条纵向分割线消除,并在下摆处加放量,达到腰部合体、下摆小波浪的效果。

图 *2-71*　款式五

通过多条相似弧线的分割,塑造出胸突。

胸围线下以下横向分割,在胸围线、腰围线以及臀围线处都设计了横向分割线,得到合体的造型。

图 *2-72*　款式六

胸部通过弧线和纵向的线,塑造出胸突。

自胸围线以下,通过三条自胸围至下摆的发散分割线,将腰部余量消除,并在下摆形成轻微收口的造型。

图 *2-73*　款式七

低腰分割线设计,腰线以上通过纵横分割线将余量消除,得到合体的效果。

图 *2-74*　款式八

衣省整体斜向分割线设计,从腰部一侧发散,将余量全部放入分割线中,得到合体效果。

图 **2-75** 款式九

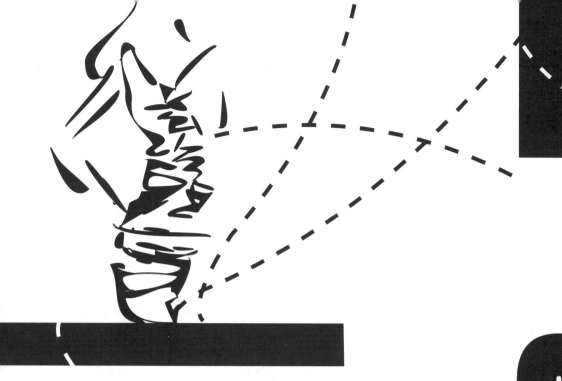

# 褶裥在小礼服中的基础应用 3

在服装造型设计中,褶和裥也是一种常用的手法。它不仅可以达到塑造人体凸面的目的,而且还具有很好的装饰性。褶可以看作是由许多非常细小的褶裥组合而成,而裥相对来说比较规则。本章介绍了褶和裥的基本原理、种类及特点,并对褶裥的立体裁剪基本操作方法做了详细的介绍。最后,还对褶、裥及其综合应用进行了举例分析。

# 3.1 褶裥的基础理论

## 3.1.1 褶裥的基本原理

● 褶裥的定义 — — — — — — — — — — — — —

褶裥常常连称,实际上是应该分开讲的,褶无论在工艺形式上还是在造型形态上都不同于裥。

### 1)褶

褶是指为符合体型和造型需要,将部分衣料缝缩而形成的自然褶皱。

抽褶可以看作是由许多非常细小的褶裥组合而成,它是由省道转变而来的,但比省缝形式宽松、自如、活泼。

抽褶可以在指定的部位以水平或垂直的形式出现,也可以用上下两端都抽褶来控制某部位的造型,使此部位有足够的宽松量满足人体运动的需要。服装抽褶量的多少,抽褶部位及抽褶后控制的尺寸量,由服装款式造型和面料的特性决定。如图3-1所示为褶裥在腰部的运用。

**小贴示：**

褶的形式比较自由,兼备功能性的同时,可以产生多种多样美感造型。褶的方向、大小、数量的不同,会使得最终造型都有所不同。

图 **3-1** 褶效果的示例图

### 2)裥

裥为适合体型及造型需要将部分衣料折叠熨烫而成,由裥面和裥底组成。

裥既可以包含满足体型要求的省道功能,又可以包含

**74**

满足款式要求的装饰功能。衣褶的基本构成元素为衣褶的位置、方向以及衣褶的量，其中衣褶的量又可分解为衣褶的个数以及每个衣褶量的大小。

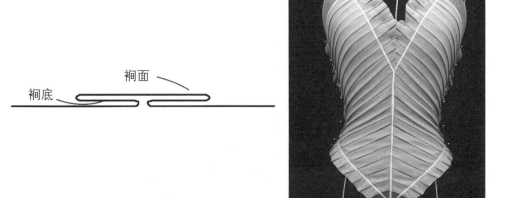

图 **3-2** 褶截面的构造示意图　　　　图 **3-3** 褶效果的示例图

● 褶裥的存在原理

### 1）合体类

围绕人体突面形成的褶裥，有塑形的作用，将省的形式转化成了褶裥的形式。与省不同的是，褶在指向突点时不固定，这样塑造出的突面会有松量，不像省那样完全贴合突面。

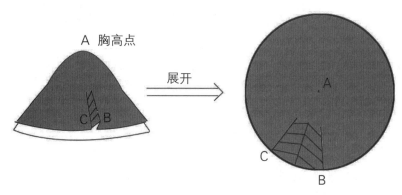

图 **3-4** 褶裥的形成原理示意图

**2）宽松类**

除了余量的一部分,在其基础上再多加量,可形成宽松的效果。以整个衣身为例,如下图3-5所示,褶裥A是由余量转化而来,而褶裥B则仅仅是为了增强宽松的效果。

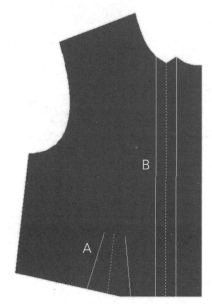

图**3-5**　宽松褶裥效果示意图

## 3.1.2　褶裥的种类及特点

● 褶的分类

褶皱是服装设计中运用较多的设计语言,它使服装显得更有内涵、更生动活泼,尤其是在女装的设计中,抽褶是主要运用的一种表现形式。褶分为规律褶和自由褶两种最基本形式,而各种变化形式是在这两种基本形式上演变而来。

**1）规律褶**

主要体现为褶与褶之间表现为一种规律性,如褶的大小、间隔、长短是相同或相似的。规律褶表现的是一种成熟与端庄,活泼之中不失稳重的风格。

**2）自由褶**

与规律褶相反,自由褶表现了一种随意性,在褶的大小、间隔等方面都表现出了一种随意的感觉,体现了活泼大方、怡然自得、无拘无束的服装风格。

a. 规律褶          b. 自由褶

图 **3-6** 褶效果的成衣图

● 裥的分类

褶裥的种类很多,其分类方法主要有以下两种。

**1)按形成褶裥的线条类型分**

① 直线裥:褶裥两端折叠量相同,其外观形成一条条平行的直线,常用于衣身、裙片的设计,如图3-7-a所示。

② 曲线裥:同一褶裥所折叠的量不断变化,在外观上形成一条条连续变化的弧线,这种裥合体性好,常用于裙片的设计,满足人体腰部与臀部之间变化的曲线,但缝制工艺比较复杂,如图3-7-b所示。

a. 直线裥          b. 曲线裥          c. 斜线裥

图 **3-7** 裥的形态分类示意图

③ 斜线裥：是指褶裥两端折叠量不同，但其变化均匀，外观形成一条条互不平行的直线。常用于裙片的设计，如图3-7-c所示。

2）按形成褶裥的形态分

① 顺裥：是指向同一方向打折的褶裥，既可向左折倒，也可向右折倒，如图3-8-a所示。

② 箱形裥：是指同时向两个方向折叠的褶裥，如图3-8-b所示。

③ 阴裥：是指当箱形裥的两条明折边与邻近裥的明折边相重合时，就形成了阴裥，如图3-8-c所示。

④ 风琴裥：面料之间没有折叠，只是通过熨烫定形，形成褶裥效应，如图3-8-d所示。

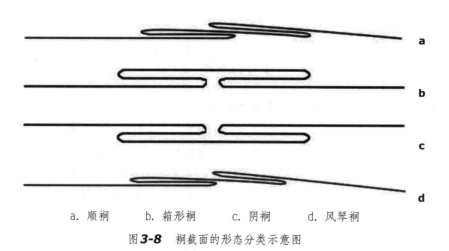

a. 顺裥　　b. 箱形裥　　c. 阴裥　　d. 风琴裥

图 *3-8*　裥截面的形态分类示意图

# 3.2 褶裥在不同面料上的应用效果

## 3.2.1 褶裥在礼服中的应用

与省道一样,褶和裥可以用来塑造人体的胸突,有装饰和功能两种作用。围绕着人体突面,可以在肩、侧缝、腰部等不同的位置存在。

● 褶

### 1)肩部褶

(1) 款式造型图

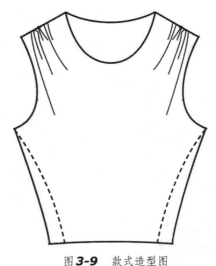

图 **3-9** 款式造型图

(2) 采样示意图

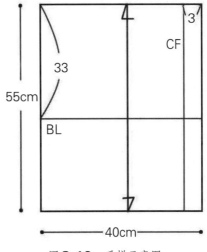

图 **3-10** 采样示意图

（3）制作步骤

　　① 将面料的直丝缕与前中心线平行，自上而下用珠针固定。

　　② 将面料自腰部下方中心点外顺时针方向抚平，每2～3cm打剪口。

　　③ 继而抚平侧缝，再向上抚平袖窿。沿袖窿弧线粗略修剪，粗留缝份。

　　④ 自前中心点逆时针沿领窝弧线抚平面料，每2～3cm打剪口，在侧颈点处用珠针固定。

　　⑤ 将所有的余量都抚至肩部，形成肩部碎褶。用单针固定的手法，在肩部将余量做出碎褶的效果，最终效果如图3-11中a、b所示。

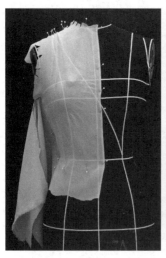

a. 前　　　　　　　b.前侧

图 *3-11*　肩省

（4）完成纸样

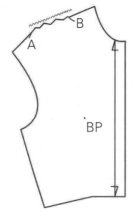

图 *3-12*　完成纸样示意图

### 2）前中心褶

（1）款式造型图

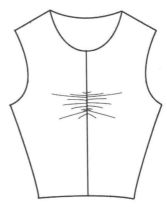

图 **3-13** 款式造型图

（2）采样示意图　同图3-10所示。

（3）制作步骤

① 将面料的直丝缕与前中心线平行,在前中心处用双
针固定。

② 自前颈点逆时针方向抚平领口,沿领窝弧线粗略修
剪,每隔2～3cm打剪口。

③ 依次抚平肩部、袖窿、侧缝、腰部,一边抚平,一边用
珠针固定,不平服处打剪口。

④ 将所有的余量都抚至前中心处,用单针固定的手
法,在前中心处将余量做出碎褶的效果,最终效果
如图3-14中a、b、c所示。

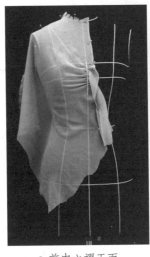  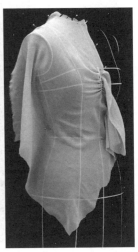

a.前中心褶正面　　　b.前中心褶侧面　　　c.前中心褶前侧

图 **3-14**　前中心褶

**81**

(4)完成纸样

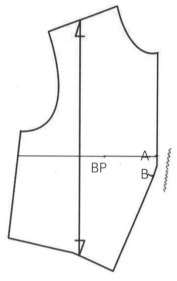

图**3-15** 完成纸样示意图

● 褶在不同面料上的运用

————————————————

　　在进行小礼服制作时,可根据需求不同来选择合适的
面料。同样的褶在不同面料上的运用效果是不同的。如图
3-16 所示,分别为褶在真丝乔其纱、素绉缎、真丝府绸面

a. 真丝乔其纱　　　　b. 素绉缎　　　　c. 真丝府绸

图**3-16** 褶运用在不同面料上的效果示意图

料上的效果。由图3-16可以看出,真丝乔其纱在三种面料中最为柔软,做出的碎褶细小,由褶延伸的波浪细致,垂感很好;素绉缎次之,做出的碎褶细小,由褶延伸的波浪较细致,垂感较好;而真丝府绸相对来说比较挺括,由褶形成的波浪略显硬挺,垂感相对于前面两种面料较差。

● 褶

### 1）胸前横向褶

（1）款式造型图

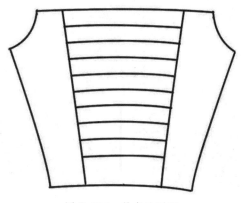

图 **3-17** 款式造型图

（2）采样示意图

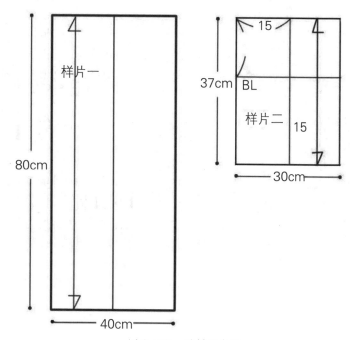

图 **3-18** 采样示意图

（3）制作步骤

① 将面料的直丝缕与人台胸围线水平，以人台胸部造
型为依托，将面料自上而下单向整齐规则的折起，
两端及中间用珠针固定。沿公主线两侧修剪同时
用珠针固定，如图3-19中a、b、c所示。

② 做出侧片，将两片用别合针法别合，如图3-20中
a、b、c所示。

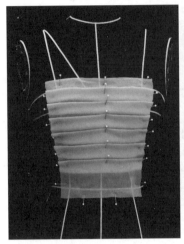 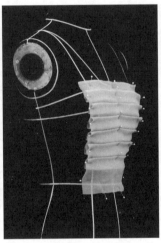 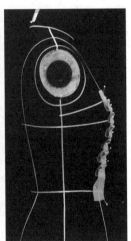

a. 褶裥片正面　　　　　　　b. 褶裥片前侧　　　　　　　c. 褶裥片侧面

图 **3-19**　胸前横向裥的效果示意图

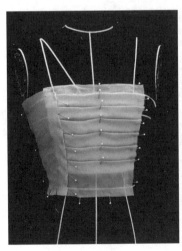  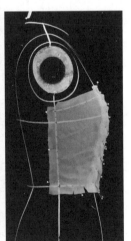

a. 正面　　　　　　　　　b. 前侧　　　　　　　　　c. 侧面

图 **3-20**　裥效果示意图

（4）完成纸样

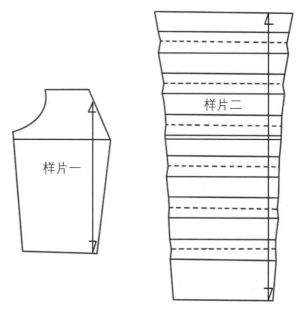

图 **3-21**　褶裥效果的纸样示意图

## 2）纵向褶裥裙一

（1）款式造型图

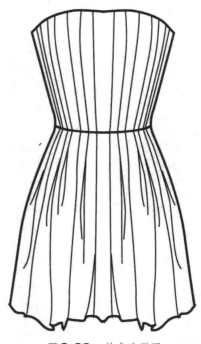

图 **3-22**　款式造型图

（2）采样示意图

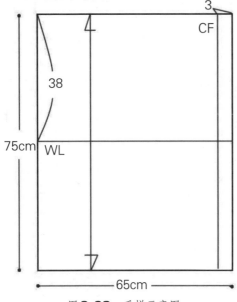

图 **3-23** 采样示意图

（3）制作步骤

　　将面料的直丝缕与前中心线平行，以人台胸部、腰部造型为依托，将面料自中心向外单向规则折起，上端及腰部用珠针固定。修剪胸部造型和下摆，如图3-24中a、b、c所示。

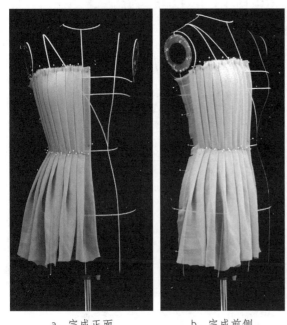

　　a. 完成正面　　　　　　b. 完成前侧　　　　　　c. 完成侧面

图 **3-24** 纵向裥

（4）完成纸样

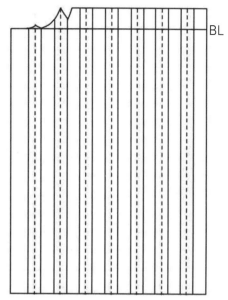

图 **3-25**　完成纸样示意图

### 3）纵向褶裥裙二
（1）款式造型图

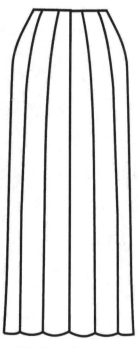

图 **3-26**　款式造型图

（2）采样示意图

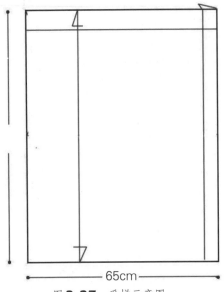

65cm

图 **3-27** 采样示意图

（3）制作步骤

　　将面料的直丝缕与前中心线平行，以人台下半身造型
为依托，将面料自中心向外单向规则折起，沿腰围线用珠针
固定。修剪腰部造型和下摆，如图3-28中a、b、c所示。

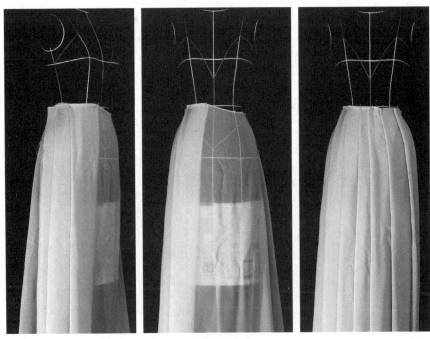

a. 完成正面　　　　　　　b. 完成前侧　　　　　　　c. 完成侧面

图 **3-28** 褶裥裙

（4）完成纸样

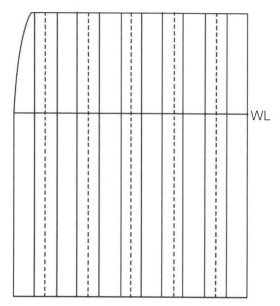

图 **3-29** 完成纸样示意图

## 4）斜向褶裥

（1）款式造型图

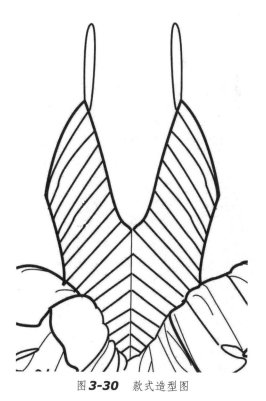

图 **3-30** 款式造型图

（2）采样示意图

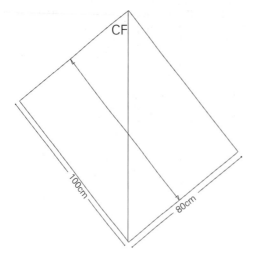

图 **3-31** 采样示意图

（3）制作步骤

① 将面料的纵向参考线与人台的前中心线对齐,沿轮
廓线单针固定,从下向上做出规则褶裥。

② 一边沿人体体型抚平面料,一边用珠针固定。

③ 完成后,用美纹胶带贴出所需造型,固定褶裥。

④ 沿造型线修剪轮廓线,粗留2cm缝份,如图3-32中
a、b所示。

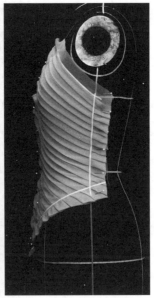

a. 完成正面　　　　　　b. 完成侧面

图 **3-32** 褶裥裙

（4）完成纸样

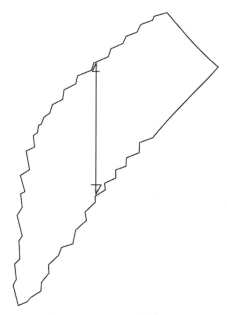

图 *3-33*　完成纸样示意图

# 3.3 综合运用

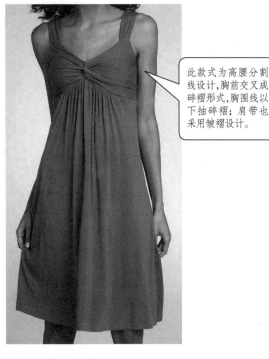

此款式为高腰分割
线设计,胸前交叉成
碎褶形式,胸围线以
下抽碎褶;肩带也
采用皱褶设计。

图 *3-34* 款式一

此款式整体都为皱
褶设计,自胸部至臀
围线自上而下水平
抽褶,形成横向皱
褶,臀围线以下为
纵向抽褶的裙摆设
计。应注意皱褶的
量的大小以及分割
线的位置。

图 *3-35* 款式二

此款式为插肩袖设
计,通过不规则皱
褶塑造出胸突以及
手臂的活动量,裙
摆同样为褶裥设
计。上下皱褶的数
量、大小都不一样,
既能相呼应,又有
节奏感。

图 *3-36* 款式三

此款式为垂荡领
设计,自一侧肩部
自上而下分割线
设计,分割一侧向
外呈放射状皱褶
设计,并沿分割线
以抽褶面料做为
饰边。

图 *3-37* 款式四

此款式的特点主要在于抽褶手法在衣领、袖口、下摆以及领饰上的体现。

图 **3-38** 款式五

此款式通过用活褶的形式塑造出合体的胸部，腰线以下采用规则的褶裥设计，呈现出小A裙的造型。

图 **3-39** 款式六

此款式为垂荡领设计，通过自肩部向下的规则裥，塑造胸突，腰线以下为斜向放射状褶裥设计，达到功能和装饰两个目的。

图 **3-40** 款式七

此款式用细褶的手法进行宽腰带设计，裙身为单向褶裥设计。

图 **3-41** 款式八

将裥横向设计,可形成宽松裙摆的造型。

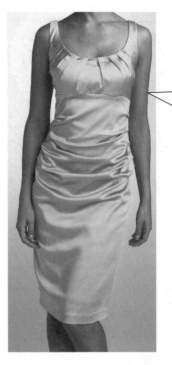

领口为放射状褶裥设计,塑造出胸突;腰线以下横向抽褶,形成轻微不规则的垂浪效果。

图*3-42* 款式九 　　　　　　　　　　　图*3-43* 款式十

a. 前　　　　　　　　b. 侧

图*3-44* 褶裥与抽褶的综合运用

# 4

# 波浪在小礼服中的基础应用

波浪造型主要是适用于悬垂性好的面料,由于轻盈、飘逸、宽松自如,造型新颖别致,已广泛应用于现代服装中。波浪位置、大小的不同,可以产生多变的波浪造型。本章介绍了波浪的基本原理、种类及特点,并对波浪立体裁剪的基本操作方法做了详细的介绍。最后,还对波浪及其综合应用进行了举例分析。

# 4.1　波浪的基础理论

## 4.1.1　波浪的基本原理

● 波浪的概念

━━━━━━━━━━━━━━━━━━━━━━━━━

　　利用面料自身的特点,在服装上营造出的起伏状态,形态如同波浪,称为波浪式造型效果。可以用于人体的不同部位。根据位置、大小的不同,可以得到不同的效果。

　　波浪造型主要是用于悬垂性好的面料,由于它轻盈、飘逸、宽松自如,造型新颖别致,已广泛应用于现代服装中。

图 *4-1*　波浪造型的示例图

● 波浪的存在原理

━━━━━━━━━━━━━━━━━━━━━━━━━

1 )功能性

　　如图4-2所示,波浪裙可给人体增加活动的松量。此时腰省全部转化为波浪量存在。

**96**

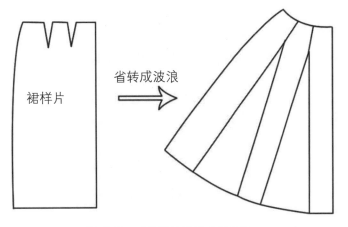

省转成波浪

裙样片

图 *4-2* 功能性波浪形成示意图

### 2）装饰性

波浪不仅可以给人体增加活动量，而且也有装饰的功能，如图4-3所示。

图 *4-3* 装饰性波浪示意图

## 4.1.2 波浪的种类及特点

● 波浪

从一端开始，向另外一边发散，形成的造型效果，一般称为波浪。最常见是波浪裙。波浪的宽窄不同，可在衣身上形成不同的效果。有时也可以用作装饰。图4-4所示为波浪的常用款式。

图 **4-4** 波浪造型示例

● 垂荡

波浪的两端固定,中间散开,形成垂荡的效果。最常用在领口,做出垂荡领饰。

垂荡造型的自然、谐和、优雅和面料的特性相谐。自古罗马的披挂服装到现代的优雅晚礼服,垂荡造型体现了它永久的典雅。垂荡造型的变化体现为位置、量的大小。垂荡造型可分类为和衣身相连的垂荡造型与和衣身拼合的垂荡造型。和衣身相拼的垂荡造型其造型能力较强,但是一些和衣身相连的垂荡造型却更巧妙,耐人寻味。如图4－5所示为垂荡在领口的运用。垂荡源自于肩部的褶裥,这样形成的领口造型比较稳定。

图 **4-5** 垂荡示例

# 4.2 波浪在不同面料上的应用效果

## 4.2.1 波浪在礼服中的应用

● 胸腰部波浪裙

（1）款式造型图

图**4-6** 款式造型图

（2）采样示意图

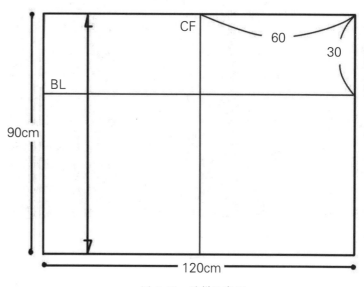

图**4-7** 采样示意图

(3) 制作步骤

① 将样片的纵向参考线与人台前中线对齐,样片水平参考线与人台胸围线水平对齐。样片的前中心处可采用双针固定,如图4-8中a图所示。

② 波浪处打剪口,双针固定,将下方面料用手向下拉,做出波浪造型。

③ 波浪做好后,可用珠针用别合针法将其暂时固定,如图4-8中b所示。

④ 波浪完成之后,将前胸围处修剪水平,粗留2cm缝份。

⑤ 修剪侧缝,在腰线处打剪口,抚平面料,粗留2cm缝份,如图4-8中c、d所示。

⑥ 修剪下摆。

⑦ 在样片上点影,转折处用"十"字符号标记,如图4-8中e所示。

⑧ 将样片取下,放在平面上进行修剪,将样片的另外一边拷贝。

⑨ 将修整好的面料固定到人台上,再对裙摆进行立体修正,最终效果如图4-8中f所示。

a. 样片在人台上的放置　　b. 样片左侧修剪　　c. 样片侧边修剪

d. 样片左侧裙摆修剪　　e. 样片左侧修剪完成　　f. 样片完成

图 **4-8**　波浪裙制作过程示意图

（4）完成纸样

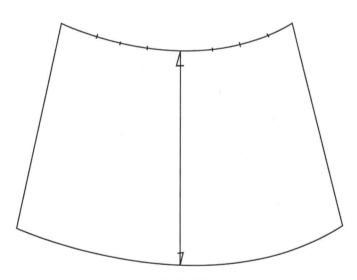

图 **4-9**　完成纸样示意图

● 腰摆部波浪裙

（1）款式造型图

图**4-10**　款式造型图

（2）采样示意图

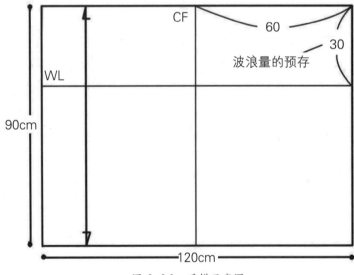

图**4-11**　采样示意图

**102**

（3）制作步骤

　　该波浪裙的裙摆量较大,在臀围处较贴体,裙子在纵向形成波浪,因此在面料的选择上应采用轻薄、悬垂性良好的织物,对于较厚实的面料应采用45度斜裁面料。在裁之前,用美纹胶带标出波浪的位置。

　　① 将面料纵向参考线与前中心线对齐,横向参考线与臀围线对齐,在腰围线中点用双针固定。

　　② 自腰围中心逆时针方向沿腰围抚平,在第一个波浪的位置打剪口,用双针固定。在腰线以下用手拉展出波浪的量

　　③ 依次在腰部做出波浪,完成之后,抚平侧缝,用珠针固定。

　　④ 修剪裙子下摆,最终效果如图4-12所示。

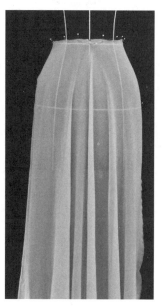

图 **4-12**　波浪裙

（4）完成纸样

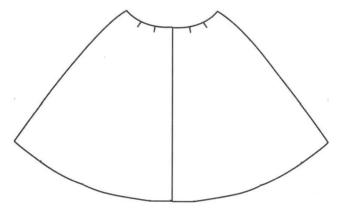

图 **4-13**　完成纸样示意图

**103**

● 胸前垂浪

(1) 款式造型图

图**4-14**　款式造型图

(2) 采样示意图

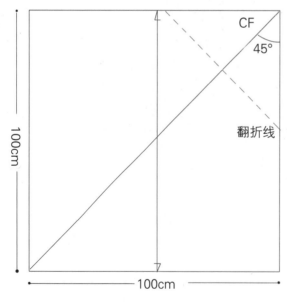

图**4-15**　采样示意图

（3）制作步骤

　　① 将面料沿与丝缕呈45度对折,前中心线亦为45度斜丝缕,如图4-15所示。

　　② 在左肩用珠针单针固定,右手拉起面料,左手放在波浪的最低处,右手继续把面料上拉,左手处便会自然形成垂浪,再将右手拉起的面料单针固定在右肩上,如图4-16中a、b所示。

　　③ 可用手在垂浪的最低位置,对垂浪的造型进行调整。最终效果如图4-16中c所示。

a. 面料放置　　　　　　　b. 形成垂浪　　　　　　　c. 最终效果

图 **4-16**　制作过程示意图

（4）完成纸样

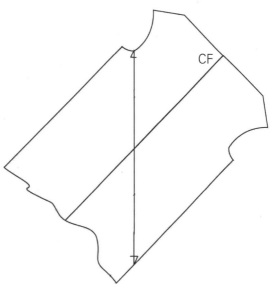

图 **4-17**　完成纸样示意图

● 腰部垂浪

─ ─ ─ ─ ─ ─ ─ ─ ─ ─ ─ ─ ─ ─ ─ ─ ─ ─ ─

（1）款式造型图

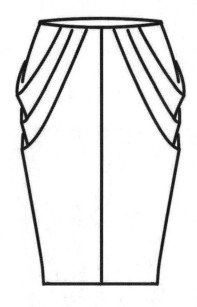

图 **4-18** 款式造型图

（2）采样示意图

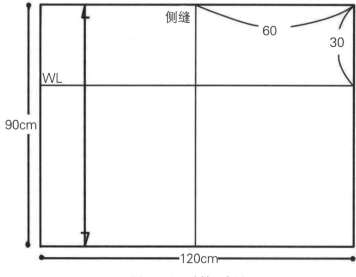

图 **4-19** 采样示意图

(3) 制作步骤

① 将面料的纵向参考线与前中心线对齐,横向参考线与腰围线对齐,如图4-19所示。

② 在腰部的前中心位置做出第一个垂浪,用珠针单针固定。用手自前中心处轻抚面料,过侧缝,一直到后中心线处,做出侧面垂浪的效果。

③ 用相同的方法,依次做出腰部其它两个垂浪。

④ 三个垂浪完成后,可以再整体进行调整。最终效果如图4-20中a、b、c所示。

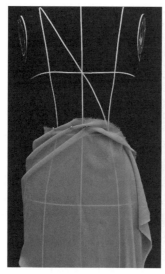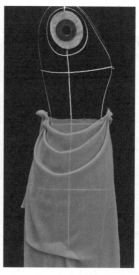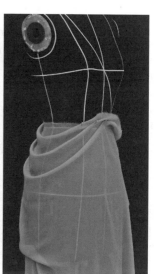

a. 完成正面　　　　　b. 完成侧面　　　　　c. 完成前侧

图 *4-20*　腰部垂浪

(4) 完成纸样

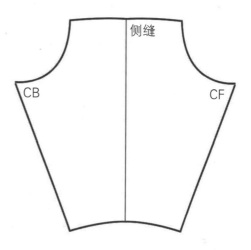

图 *4-21*　完成纸样示意图

**107**

（1）款式造型图

图 **4-22** 款式造型图

（2）采样示意图

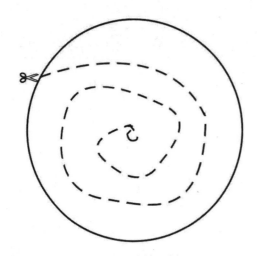

图 **4-23** 采样示意图

（3）制作步骤

  如图4-23中所示，只要将内侧曲线边拉直固定于款式
线上，则面料会直接形成带鱼状波浪。只要确保虚线的长
度与款式线的长度一致即可。虚线之间的宽度为波浪的大

小,可根据效果需求来进行设计。

此造型比较灵活多变,可用于不同的部位,也可以多层设计。

将带鱼状波浪造型用于领口,最终效果如图4-24a、b、c所示。

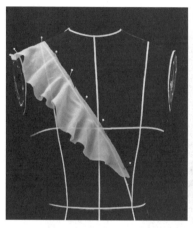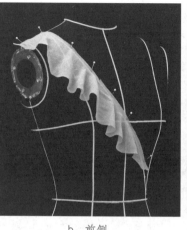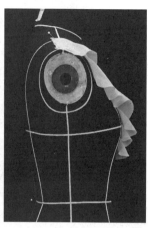

a. 前　　　　　　　　　　b. 前侧　　　　　　　　　　c. 侧

图 *4-24*　带鱼状波浪

(4) 完成纸样

完成纸样同采样示意图4-23。

● 不同面料的垂浪造型
— — — — — — — — — — — — — — — — — —

在进行小礼服制作时,可根据需求不同来选择合适的面料。同样的垂浪在不同面料上的运用效果是不同的。如图4-25中a、b、c所示的,分别选用了真丝乔其纱、素绉缎、真丝府绸面料的垂浪效果。

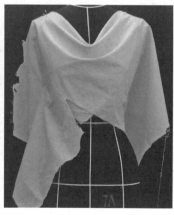

a. 真丝乔其纱　　　　　　b. 素绉缎　　　　　　　c. 真丝府绸

图 *4-25*　胸前垂浪

由图4-25示可以看出,真丝乔其纱在三种面料中最为
柔软,做出的垂浪细致柔和,垂感很好;素绉缎次之;而真
丝府绸相对来说比较挺括,由成的垂浪略显硬挺。

● 不同面料的波浪裙造型

　　如图4-26中a、b、c所示,分别选用了真丝乔其纱、素
绉缎、真丝府绸面料制作波浪裙。

　　由图4-26示可以看出,真丝乔其纱在三种面料中最为
柔软,做出的波浪细致柔和,垂感很好,且波浪的位置不易
固定;素绉缎次之;而真丝府绸相对来说比较挺括,形成
的垂浪略显硬挺,造型明显。

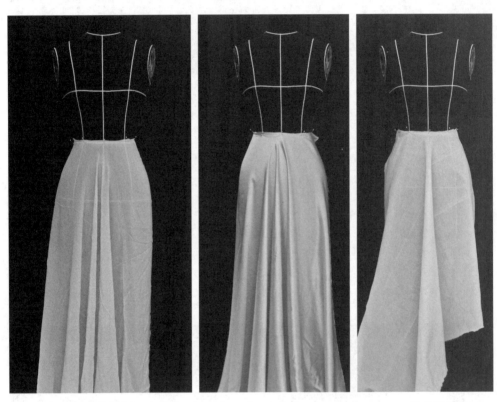

a. 真丝乔其纱　　　　　　b. 素绉缎　　　　　　c. 真丝府绸

图 **4-26**　波浪在不同面料上的运用效果

# 4.3 综合运用

此款式高腰设计，腰线下斜向分割，并在分割上以带鱼状波浪做装饰，形成螺旋形飘逸的效果。

图 *4-27* 款式一

此款式高腰分割设计，腰以下为三层波浪裙设计。应注意波浪的量的大小以及三层波浪裙片的宽度比例要适当。

图 *4-28* 款式二

此款式整个裙身为斜向垂浪设计，垂浪自一侧腰部向另外一侧延伸，整体呈斜向流畅的线条。

图 *4-29* 款式三

此款式裙片两侧为垂浪设计,垂浪的悬垂幅度较大,裙摆处为收口造型。制作时应注意垂浪的大小、位置以及下垂角度,把握好裙下摆的造型。

图 **4-30** 款式四

此款式为高腰设计,将波浪左右交叠,形成裙身,造型活泼、有层感。制作时应注意波浪的大小、下边的角度以及整体的层次感。

图 **4-31** 款式五

# 下 篇

# 应用实例篇

本章详细分析了四件不同款式的分割造型的小礼服设计。通过对四款服装的造型分析，制作重点、制作方法的阐述，使学习者掌握衣身多片分割、无侧缝、分割线为折线、斜线等不同造型的小礼服制作方法。并在此基础上对制作方法相同的不同款式礼服进行拓展，使学习者可以举一反三，触类旁通。

# 5 分割线造型的小礼服设计

# 5.1 胸部多片分割的小礼服

## 5.1.1 款式分析

● 款式造型图（图5-1）

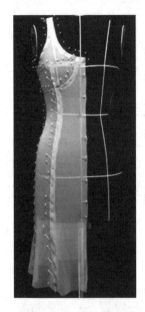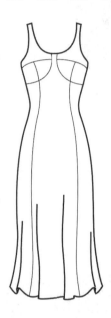

a. 前

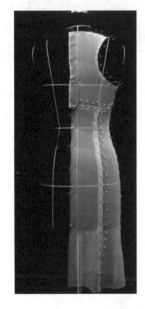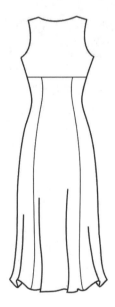

b. 后

图**5-1** 款式造型图

**小贴士：**

常见的真丝面料品种大致有双绉、重绉、乔其烂花、乔其、双乔、重乔、桑波缎、素绉缎、弹力素绉缎、经编针织等几大类。

**小贴示：**

因为此面料很软很薄，故在整理面料时，要注意保持丝缕的平整及方向性。这是立裁中要考虑的一个很重要的因素，若扭曲，则做出的衣服也会变形。

● **款式分析**

**1）款式具体描述**

此礼服裙前片上半身合体，胸部多片分割，胸围线以下为公主线分割；下半身为小A形裙设计；礼服裙后面为高腰分割，腰线以下为公主线分割造型，与前片呼应。

**2）款式制作重点**

（1）胸部的横向分割线应过胸高点，且沿胸部轮廓用分割线对胸部进行塑造。

（2）公主线的上端应与横向分割线在胸高点处相交，下端延伸至裙摆，将下摆的展开量放入分割线与侧缝中，形成小A形裙。

（3）设定后片高腰分割线的位置时，应在造型美观平衡的前提下，位置尽量靠上，因为这样可把腰部的省道放入下方的公主线分割中。

● **选用面料**

面料：真丝乔其纱（如图1-34所示）

## 5.1.2 制作步骤

● **贴出造型线**

按款式造型图在人台上贴出造型线，造型线应流畅美观，如图5-2所示。

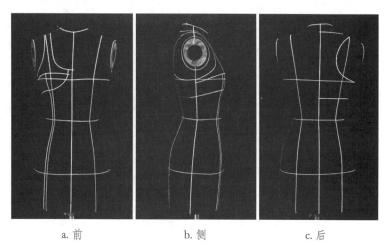

a. 前          b. 侧          c. 后

图**5-2** 款式造型线

**117**

## ● 采样

### 1）采样编号示意图

本款式样片比较多，根据图5-3所标顺序，采样如下：

a. 前      b. 后

图 **5-3** 样片编号示意图

### 2）采样样片示意图

根据图5-3编号，将每片样片的采样图示绘制如图5-4：

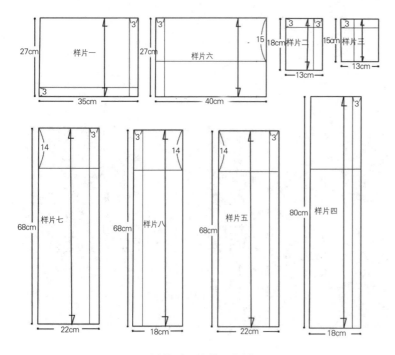

图 **5-4** 采样示意图

1）样片一

（1）将样片一的纵向参考线与人台前中线对齐，样片水平参考线与人台胸围线水平对齐，样片采样示意图见图5-4。样片的前中心处可采用双针固定。

（2）将样片一从前中心开始，向肩部的方向抚平领口，同时，沿领围造型线进行修剪，粗留2cm缝份，单针固定，斜向插针，如图5-5中a所示。

（3）抚平样片的肩与袖窿，沿造型线进行修剪，粗留2cm缝份。袖窿处可打剪口，使其更加平服。在胸围水平线靠近侧缝处加0.5cm松量，用双针进行固定。修剪水平胸围线，同样粗留缝份，如图5-5中b所示。

（4）在样片上沿造型线进行点影，转折处用"十"字符号来进行标记。

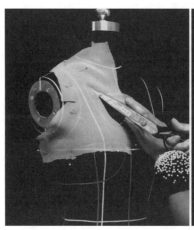 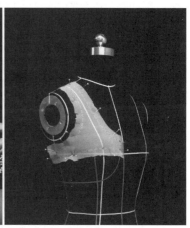

a.修剪领围　　　　　　　　b.样片完成

图**5-5** 样片一的立裁过程

2）样片二

（1）将样片二的水平参考线与人台胸围线对齐，将样片纵向参考线对准胸围线上侧缝与公主线的中点处，在参考线相交处双针固定，样片采样示意图见图5-4。

（2）将样片抚平，沿造型线用单针固定，斜向插针。同时，在胸围水平线靠近侧缝处加放0.5cm松量，靠近腰围线的水平分割线处加放0.4cm松量，双针固定。沿造型线修剪样片，粗留2cm缝份，如图5-6中a所示。

(3) 点影，转折处用"十"字符号来进行标记，如图5-6中b所示。

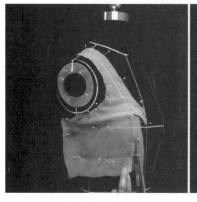

a. 修剪外轮廓线　　　　b. 样片完成

图**5-6**　样片二的立裁过程

### 3) 样片三

(1) 将样片三的水平参考线与人台胸围线对齐，找出侧缝与公主线之间胸围线的中点，将样片纵横参考线的交点与之对齐，单针固定，斜向插针，样片采样示意图见图5-4。

(2) 将样片抚平，沿人台上贴好的造型线进行修剪，粗留2cm缝份，点影，如图5-7中a所示。

(3) 用别缝针法别合样片一、二、三，如图5-7中b、c所示。

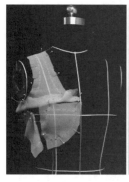

a. 样片完成　　　b. 别合样片二、三　　　c. 别合样片一、二、三

图**5-7**　样片三的立裁过程

**小贴示：**

相拼合的样片，加放松量的位置应相对应，数量应相同，否则，立裁出的衣服会发生扭曲。

**小贴示：**

点影时，点与点之间的距离一般要求直线2cm左右，曲线1cm左右。

### 4）样片四

（1）将样片四上的纵向参考线与人台上的前中心线对齐，将样片的水平参考线与人台的水平腰围线对齐，单针固定，斜向插针，样片采样示意图见图5-4。

（2）将样片从中心线开始，依次顺势抚平领口、胸部分割线、公主线，将抚平的样片单针固定，沿造型线修剪，粗留2cm缝份，如图5-8中a、b所示。

（3）点影。

**小贴示：**

修剪样片四的侧缝线时，可在造型线的基础上将其向外多留出一定的量，这样可有波浪出现。

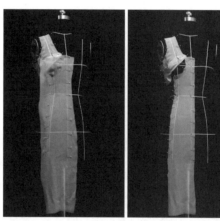

a.样片在人台上的放置　　　b.样片完成

图**5-8**　样片四的立裁过程

### 5）样片五

（1）将样片五上的水平参考线与人台上的腰围线对齐，将样片纵向参考线对准胸围线上侧缝与公主线的中点处，单针固定，斜向插针，采样图见图5-4。

（2）从样片的纵向参考线处开始，逆时针方向依次抚平样片左半片的胸围、侧缝，再用同样的手法顺时针抚平样片的右半片，一边抚平，一边将样片单针固定。同时，在样片靠近胸围线的分割线上加放0.4cm松量，腰围线上加放0.3cm松量，臀围处加放0.5cm松量，双针固定，如图5-9中a、b所示。

（3）沿造型线进行修剪，腰围线附近打剪口，粗留2cm缝份，如图5-9中c所示。

（4）点影。

（5）用别缝针法别合样片一～五，如图5-9中d、e所示。

**小贴示：**

侧缝因为是曲面，面料在两个曲面的转折处不平服，可以通过打剪口的方式来解决。

**小贴示：**

样片五若需要做出一定的小波浪量，则可在与样片四拼合的分割线处放与样片四相同的量。

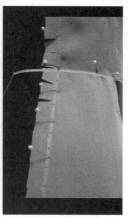

a. 样片在人台上的放置　　b. 样片完成　　c. 样片腰部细节

d. 别合样片四、五　　　e. 别合样片一~五

图**5-9**　样片五的立裁过程

小贴示：

在对成衣袖窿进行处理时，可直接用衣服的本布做滚边处理，滚边布取45°斜丝，有两种方法，一是外滚，取斜料的宽度为成品条宽的4倍+0.5cm；二是可作内滚，用料宽度不宜太宽，通常4cm足够。制作时，需加衬条，衬条宽度0.8cm左右,将其拉伸后粘至面料上，制作完成后，边不会外翻。

### 6）样片六

（1）将样片六的纵向参考线与人台的后中心线对齐，将样片的水平参考线与人台的胸围线对齐，单针固定，斜向插针，采样如图5-4所示。

（2）将样片的后中心线向右偏1cm，这样可以转移走一小部分省量，如图5-10中a所示。

（3）从样片的后中心线上方开始，依次抚平样片的领围、肩、袖窿、侧缝，再从样片的后中心线下方开始，抚平腰围和侧缝。可在腰围附近打剪口。同时，在胸围线处加放0.4cm松量，腰围线处加放0.3cm松量，将其双针固定。沿造型线修剪样片，粗留2cm缝份，如图5-10中b、c、d所示。

（4）点影。

小贴示：
样片六的袖窿弧线的位置靠近肩胛突，这样可把省量直接去掉。

**122**

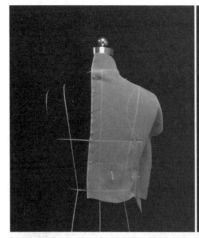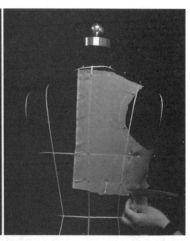

a. 样片在人台上的放置        b. 修剪样片

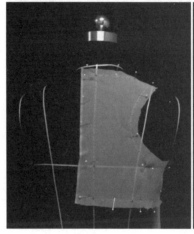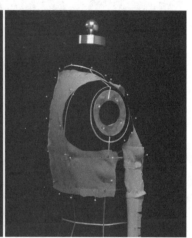

c. 样片完成        d. 样片侧面细节

图5-10 样片六的立裁过程

### 7）样片七

（1）将样片七上的水平参考线与人台上的腰围线对齐，将样片纵向参考线对准腰围线上侧缝与公主线的中点处，单针固定，斜向插针，采样如图5-4所示。

（2）从样片的纵向参考线处开始，逆时针方向依次抚平样片左半片的胸围、侧缝，再用同样的手法顺时针抚平样片的右半片，一边抚平，一边将样片单针固定。腰围线若不平服，可在附近打剪口。同时，在样片靠近胸围线的分割线上加放0.4cm松量，腰围线上加放0.3cm松量，臀围上处加放0.5cm松量，双针固定，如图5-11中a所示。

（3）沿造型线修剪，粗留2cm缝份，如图5-11中b所示。

（4）点影。

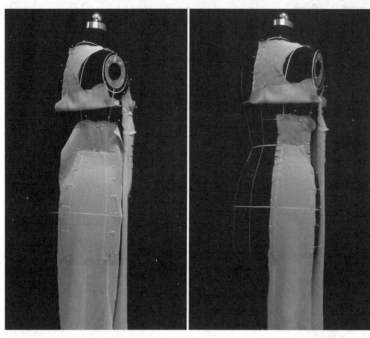

a. 样片在人台上的放置    b. 样片完成

图*5- 11* 样片七的立裁过程

## 8）样片八

（1）将样片八上的水平参考线与人台上的腰围线对齐，将样片纵向参考线对准腰围线上公主线与后中心线的中点处，单针固定，斜向插针，采样如图5-4所示。

（2）从样片后中心线上方开始，逆时针依次抚平样片的胸围、侧缝，腰围线，若不平服，可在附近打剪口。同时，在样片靠近胸围线的分割线上加放0.4cm松量，腰围线上加放0.3cm松量，臀围处加放0.5cm松量，双针固定。沿样片造型线进行修剪，粗留2cm缝份，如图5-12中a所示。

（3）点影。

（4）用别缝针法别合样片六、七，如图5-12中b所示。

（5）别合前后所有的样片，如图5-12中c所示。

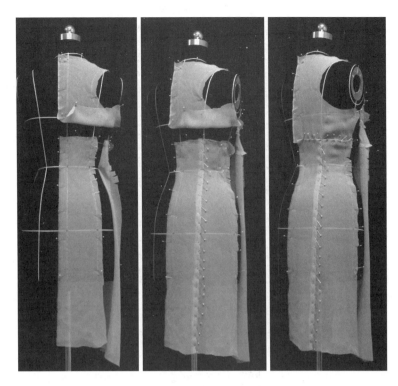

a. 样片完成      b. 别合样片六、七      c. 别合样片六、七、八

图**5-12** 样片八的立裁过程

## ● 成衣效果图

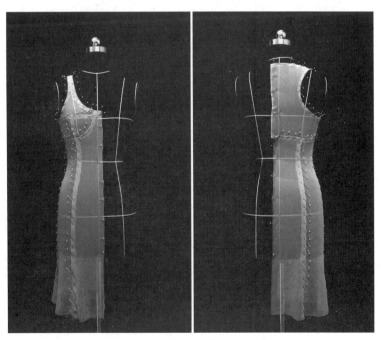

a. 小礼服前片               b. 小礼服后片

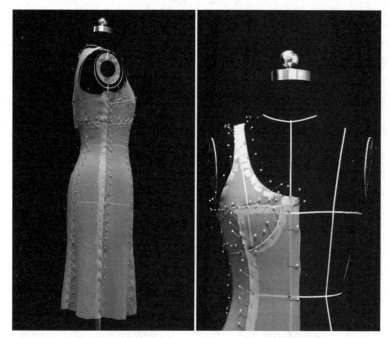

c. 小礼服侧片　　　　　　　　　d. 局部

图**5－13**　成衣效果图

## 5.1.3　完成纸样

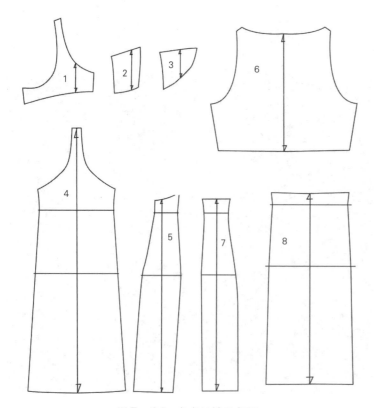

图**5－14**　完成纸样示意图

# 5.2 胸前分割、侧缝无分割的小礼服

## 5.2.1 款式分析

● 款式造型图

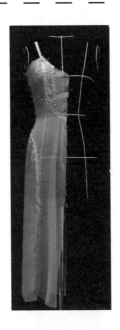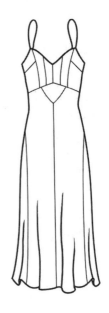

a. 前

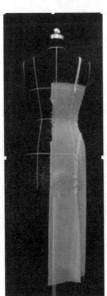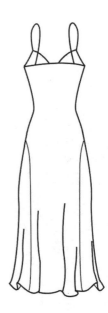

b. 后

图5-15 款式造型图

● 款式分析

1）款式具体描述

　　此款小礼服胸前多片分割，有纵向、斜向、横向多条分割线；裙腰线以下前片为整片；侧缝处无分割线。

2）款式制作重点

（1）前片胸部的分割线有多条，合理的设置分割线的位置，可使胸部合体美观。

（2）前后裙片均无腰省，制作时应将其抚平，并做出较合体的效果。

（3）因裙片无侧缝线，应注意前中心与侧片裙的交接处的分割线的方向与位置的设置。

● 选用面料

　　面料：真丝乔其纱
　　制作时需注意的问题同5.1.1。面料图示见图1-34。

## 5.2.2　制作步骤

● 贴出造型线

　　按款式造型图在人台上贴出造型线。造型线在设计时，应通过或靠近人体的胸突，这样有利于合体类造型的塑造。

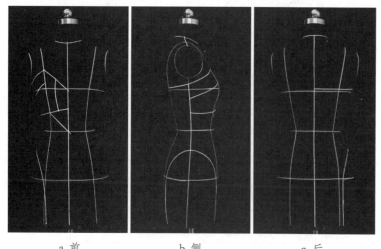

a. 前　　　　　　b. 侧　　　　　　c. 后

图5-16　款式造型线

## ● 采样

此款式为对称分割造型，故立裁时只做一半即可，另一半对称即可得到。本款式样片比较多，从上到下，编号如图5-18所示：

a.前片编号          b.后片编号

图**5-17**  样片编号示意图

根据上图编号，将每片样片的采样图示绘制如图5-18所示。

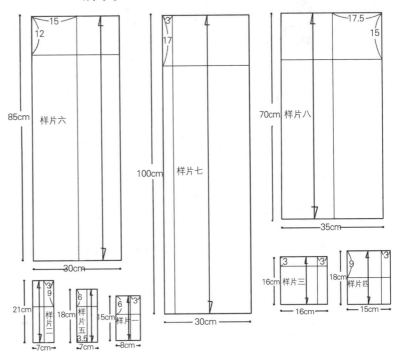

图**5-18**  采样示意图

● 制作步骤

### 1）样片一

(1) 将样片一的纵向参考线与人台前中线对齐，将样片水平参考线与人台胸围线水平对齐，采样如图5-18所示。样片的前中心处可采用双针固定。

(2) 从样片的前中心线上方开始，依次抚平领口、侧边分割线，一边抚平，一边将样片用单针固定，斜向插针。抚平样片之后，沿造型线进行修剪，粗留2cm缝份，如图5-19所示。

(3) 点影。

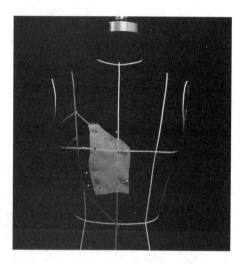

图**5-19** 样片一的立裁过程

### 2）样片二

(1) 将样片二的纵向参考线与人台前中心线平行，样片水平参考线与人台胸围线水平对齐，在参考线相交处可双针固定样片，采样如图5-18所示。

(2) 从人台的胸围线开始，先向上抚平样片，样片抚平后，将其单针固定；同样的方法抚平胸围线以下样片。沿样片造型线进行修剪，粗留2cm缝份，如图5-20中a所示。

(3) 点影。

(4) 用别缝针法别合样片一与样片二，如图5-21中b所示。

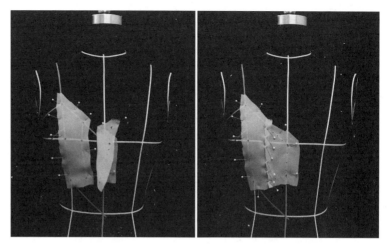

a. 样片完成　　　　　　　　b. 别合样片一、二

图**5-20**　样片二的立裁过程

### 3）样片三

(1) 将样片三的纵向参考线与人台前中线对齐，样片的水平参考线与人台胸围线平行，采样如图5-18所示。样片的前中心处可采用双针固定。

(2) 将样片自中心线向侧边顺势抚平，单针固定，斜向插针。

(3) 沿造型线进行修剪，粗留2cm缝份，如图5-21中a所示。

(4) 点影。

(5) 用别缝针法别合样片一、二与三，如图5-21中b所示。

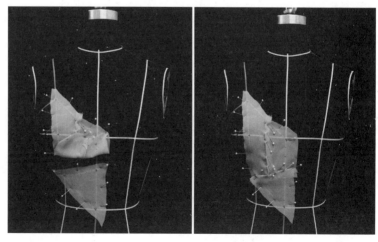

a. 样片完成　　　　　　　　b. 别合样片一、二、三

图**5-21**　样片三的立裁过程

## 4）样片四

(1) 将样片四的纵向参考线与人台的前中线对齐，样片上的水平参考线与人台的胸围线对齐，在前中心线处单针斜向固定样片，采样如图5-18所示。

(2) 从人台的胸围线开始，先向上抚平样片，样片抚平后，将其单针固定；同样的方法抚平胸围线以下样片。沿样片造型线进行修剪，粗留2cm缝份。在侧缝线与公主线之间的胸围线上，用双针固定的方法，放入0.5cm松量。

(3) 沿造型线修剪，粗留2cm的缝份，如图5-22所示。

(4) 点影。

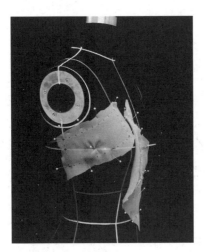

图**5-22** 样片四的立裁过程

## 5）样片五

(1) 将样片五的水平参考线与人台的胸围线对齐，将样片纵向参考线对准胸围线上侧缝与公主线的中点处，在参考线相交处双针固定样片，采样如图5-18所示。

(2) 从样片的纵向参考线处开始，依次抚平样片左半片的胸围、侧缝，再用同样的手法抚平样片的右半片，一边抚平，一边将样片单针固定。同时，在样片靠近胸围线的分割线上加放0.5cm松量，腰围线上加放0.4cm松量。

(3) 沿造型线修剪，粗留2cm缝份，如图5-23中a所示。

(4) 点影。

(5) 用别缝针法别合样片一~五，如图5-23中b、c所示。

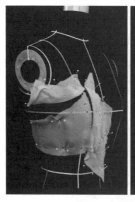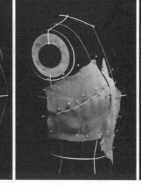

a. 样片完成　　　　b. 别合样四与五　　　c. 别合样片一~五

图**5-23**　样片五的立裁过程

### 6）样片六

(1) 将样片六的水平参考线与人台的腰围线对齐，将样片纵向参考线与人台的公主线对齐，在参考线相交处双针固定样片，见图5-18。

(2) 在样片前中心线转折的地方打剪口，用手向下拉展，做出小波浪造型。用珠针将小波浪的量固定住，顺势抚平样片的其余部分。

(3) 从样片的前中心线处开始，依次抚平样片胸围线、侧缝，若腰部不平服可打剪口。一边抚平，一边将样片用单针固定。同时，在样片腰围线上方的分割线上加放0.4cm松量，腰围线上加放0.3cm松量，将其双针固定。

(4) 沿样片的造型线进行修剪，粗留2cm缝份，如图5-24中a、b所示。

(5) 点影。

(6) 用别缝针法别合样片一~六，如图5-24中c所示。

**小贴示：**

样片左侧分割线处，可在臀围线下将分割线变成斜向，这样可有小波浪造型出现，波浪的量可由设计师视造型而定。

a. 样片完成（前）

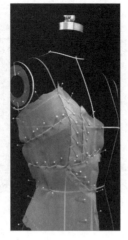

b.样片完成（侧）　　　c.别合样片一~六

图**5-24**　样片六的立裁过程

## 7）样片七

(1) 将样片七的水平参考线与人台的腰围线对齐，将样片的纵向参考线与人台的后中心线对齐，在参考线相交处双针固定样片，采样如图5-18所示。

(2) 从样片的后中心线处开始，依次抚平样片胸围线、侧缝，若腰部不平抚可打剪口。一边抚平，一边将样片用单针固定。同时，在样片腰围线上加放0.3cm松量，将其双针固定。

(3) 沿样片的造型线进行修剪，粗留2cm缝份，如图5-25中a、b所示。

(4) 点影。

(5) 用别缝针法别合样片一~七，如图5-25中c所示。

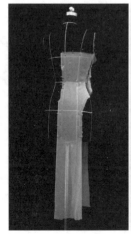

a.样片完成　　　　b.样片完成（侧）　　　　c.别合样片一~七

图**5-25**　样片七的立裁过程

## 8）样片八

(1) 将样片八的水平参考线与人台的腰围线对齐，将样片的纵向参考线与人台的侧缝线对齐，在参考线相交处双针固定样片，采样如图5-18所示。

(2) 从人台的臀围线开始，先向上抚平样片，样片抚平后，将其单针固定；同样的方法抚平臀围线以下样片。在臀围处前后各加0.5cm松量，将其双针固定。沿样片造型线进行修剪，粗留2cm缝份，如图5-26中a所示。

(3) 点影。

(4) 将此片与前七片用别缝针法别合，如图5-26中b、c所示。

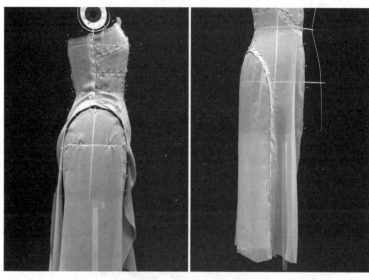

a. 样片完成　　　　　　b. 别合样片一~八（前）

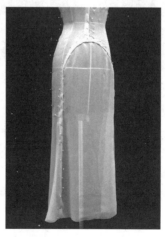

c. 别合样片一~八（侧）

图**5-26**　样片八的立裁过程

9）肩带：采用0.5cm细带

● 成衣效果图

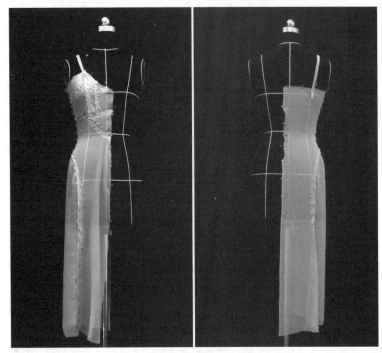

a. 小礼服前片　　　　　　b. 小礼服后片

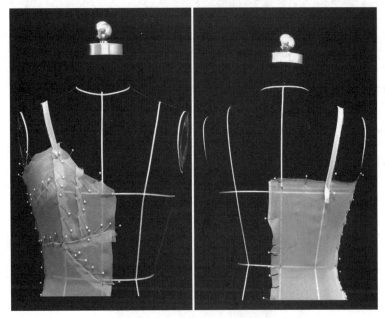

c. 小礼服局部（前、后）

图5-27　成衣效果图

## 5.2.3 完成纸样

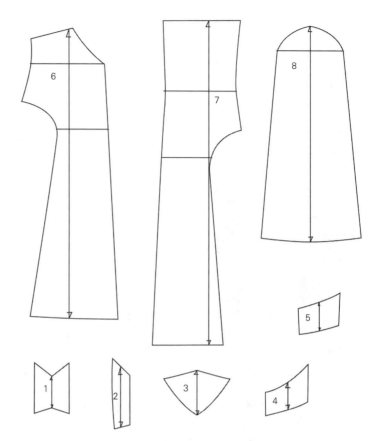

图*5-28* 完成纸样示意图

# 5.3 折线形分割线造型小礼服

## 5.3.1 款式分析

● 款式造型图

图**5-29** 款式造型图

● 款式分析

1）描述

　　此款小礼服的衣身主要分割线造型为折线"《《"，裙摆下方有菱形插片，有侧缝。

2）重点

（1）此款式前后面无横向或纵向的分割线，对人体塑造而产生的余量都放入不同方向的斜向分割线中。在贴出造型线时，要注意造型线的位置，应过人体主要曲面的转折点，这样可将余量放入分割线中，从而达到合体的效果，即充分发挥分割线的功能性。在考虑分割线的功能性的同时，也要考虑它的造型美观性与平衡性。

（2）下摆的波浪通过菱形插片得到，可采用立体与平面相结合的方法，从而可以更快捷。

● 选用面料
────  ────  ────  ────

面料：真丝乔其纱
制作时需注意的问题同5.1.1。面料图示见图1-34。

## 5.3.2 制作步骤

● 贴出造型线
────  ────  ────  ────

按款式造型图在人台上贴出造型线。造型线在设计
时，应通过人体的胸突，这样才有利于合体类造型的塑造。
自左至右，位置参考如下：
样片一、二的分割线1起始在袖窿一半的位置，样片
二、三的分割线2过胸点附近，样片三、四的分割线3过两
BP点的中间，样片四、五的分割线4过另外一条BP点，
并且起始处不能在侧缝处，应离侧缝1cm左右。要注意分
割线在腰部的位置（腰节稍靠上更好看一些）；
各分割线应保持大体水平均匀，分割线下方在靠近
臀线的地方转为直线；
前后分割线在侧缝的位置应衔接起来。
具体可参考图5-30及图5-31。

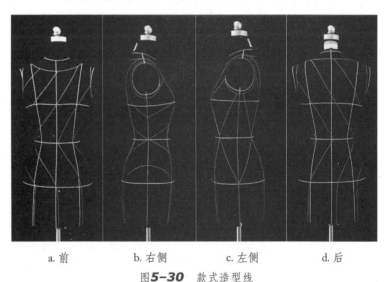

a. 前          b. 右侧          c. 左侧          d. 后
图**5-30** 款式造型线

● 采样
────  ────  ────  ────

如图5-31所示，裙子的样片编号如下：

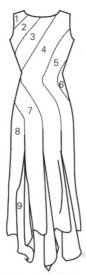

图**5-31** 样片编号示意图

本款式样片比较多，从上到下，采样如图5-32。

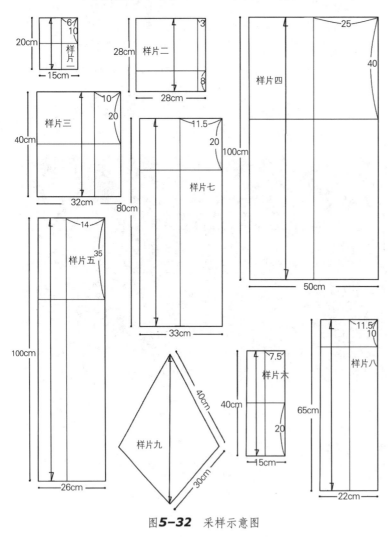

图**5-32** 采样示意图

**小贴示：**

领口处由于是颈部与肩部的曲面转折，面料铺在上面时会不平伏，可以通过打剪口的方式来解决。

● **制作步骤**

**1）样片一**

(1) 将样片一的纵向参考线与人台的公主线对齐，样片水平参考线与人台胸围线平行，在相交处可双针固定样片，采样如图5-32所示。

(2) 将样片自纵向参考线向外顺势抚平，领口处若不平服，可以打剪口。将样片单针固定，斜向插针。

(3) 按造型线修剪出样片一的轮廓，粗留2cm缝份，如图5-33中a、b所示。

(4) 点影。

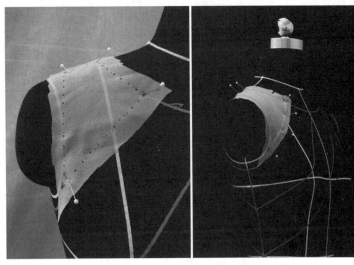

a.样片完成（前）　　　　b.样片完成（侧）

图**5-33**　样片一的立裁过程

**2）样片二**

(1) 将样片二的纵向参考线与人台的前中心线对齐，样片水平参考线与人台胸围线对齐，在前中心处可双针固定样片，采样如图5-33所示。

(2) 从样片的前中心线上方开始，依次抚平领口、侧边分割线，一边抚平，一边将样片用单针固定，斜向插针。在胸围线上、公主线与侧缝线的中点附近加0.5cm松量，用双针固定，如图5-34中a所示。

(3) 抚平样片之后，沿造型线进行修剪，粗留2cm缝份，如图5-34中b所示。

(4) 点影。

(5) 用别缝针法别合样片一和二，如图5-35中c、d所示。

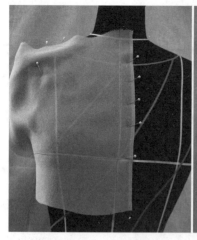

a. 样片在人台上的放置

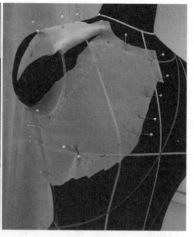

b. 修剪样片

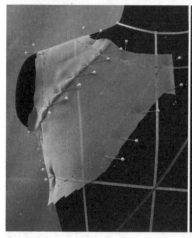

c. 别合样片一、二

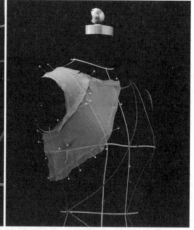

d. 样片侧面

图**5-34** 样片二立体裁剪示意图

**小贴示:**
因面料很轻薄,故注意珠针别和操作时不要拉扯面料变形。

**3)样片三**

(1) 将样片三的纵向参考线与人台的前中心线对齐,样片水平参考线与人台胸围线对齐,在前中心处可双针固定样片,采样如图5-32所示。

(2) 从样片的前中心线上方开始,依次抚平领口、侧边分割线,一边抚平,一边将样片用单针固定,斜向插针。在胸围线上、公主线与侧缝线的中点附近加0.5cm松量,腰围线靠近侧缝处放0.3cm的松量,用双针固定,如图5-35中a所示。

(3) 沿轮廓线修剪,粗留2cm缝份,如图5-35中b、c所示。

(4) 点影,如图5-35中d所示。

(5) 将样片一、二和三用别缝针法别合,如图5-35中e所示。

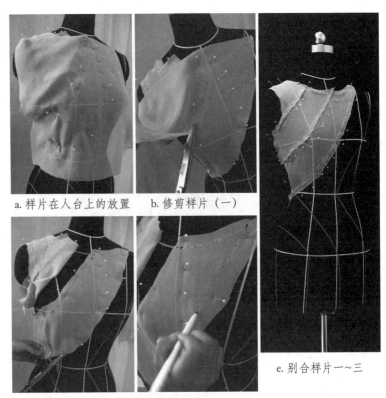

a. 样片在人台上的放置　　b. 修剪样片（一）

c. 修剪样片（二）　　d. 在样片上点影

e. 别合样片一~三

图**5-35**　样片三立体裁剪示意图

### 4）样片四

(1) 将样片四的纵向参考线与人台的前中心线对齐，样片水平参考线与人台胸围线对齐，在前中心处可双针固定样片，采样如图5-32所示。

(2) 自前中心线开始，顺时针方向抚平样片肩部，单针斜向固定。

(3) 接着抚平袖窿，若不平服，可在袖窿弧线上打剪口。

(4) 再向下抚平胸部，单针固定，并继续向腰部抚平，在腰围处用双针固定的方法，放入0.3cm松量。

(5) 从前中心线开始，向右抚平样片，如图5-36中a所示。

(6) 从腰部继续向下抚平样片，将腰下以下部分裙片在人台上做出，单针固定。

(7) 沿样片的轮廓进行修剪，粗留2cm缝份，如图5-36中b所示。

(8) 点影。

(9) 将样片一~四用别缝针法别合，如图5-36中c所示。

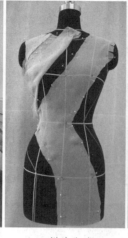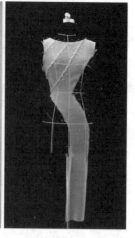

a. 样片在人台上的放置　　　b. 样片完成　　　　c. 别合样片一~四

图**5-36**　样片四立体裁剪过程

**小贴示：**

由于面料轻薄柔软关系，珠针在固定比较陡的分割线时，珠针之间的距离应小一点，这样面料不易变形。

### 5）样片五

（1）将样片五的纵向参考线与人台的公主线对齐，样片水平参考线与人台胸围线对齐，在参考线相交处可用双针固定样片，采样如图5-32所示。

（2）从人台的胸围线开始，先向上抚平样片，样片抚平后，将其单针固定；同样的方法抚平胸围线以下样片。在样片的胸围与臀围放0.5cm的松量，将其双针固定。沿样片造型线进行修剪，粗留2cm缝份，如图5-37中a、b所示。

（3）点影。

（4）将样片一~五用别缝针法别合，如图5-37中c所示。

a. 样片在人台上的放置　　　b. 样片完成　　　　c. 别合样片一~五

图**5-37**　样片五立体裁剪过程

**144**

## 6）样片六

(1) 将样片六的水平参考线与人台胸围线对齐，将样片的纵向参考线与人台腰围线上公主线与侧缝的中点对齐，在参考线相交处可用双针固定样片，采样如图5-32所示。

(2) 先将样片胸围线以上抚平，再顺势向下抚平样片，沿造型线将样片单针固定。在腰围线放0.3cm的松量，将其双针固定，如图5-38中a所示。

(3) 沿样片造型线进行修剪，粗留2cm缝份，如图5-38中b所示。

(4) 点影。

(5) 用别缝针法别合样片一~六，如图5-38中c、d所示。

  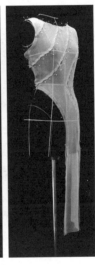 

a. 放置样片　　b. 样片完成　　c. 别合样片一~六　　d. 侧面

图**5-38**　样片六立体裁剪过程

## 7）样片七

(1) 将样片七的水平参考线与人台腰围线对齐，将样片的纵向参考线与人台腰围线上公主线与侧缝的中点对齐，在参考线相交处可用双针固定样片，采样如图5-32所示。

(2) 将样片自腰围线向下抚平，用双针固定的针法，靠近臀围线处放0.5cm的松量，沿造型线单针固定样片。

(3) 沿样片的造型线进行修剪，粗留2cm缝份，如图5-39中a所示。

(4) 点影。

(5) 将样片一~七用别缝针法别合，如图5-39中b所示。

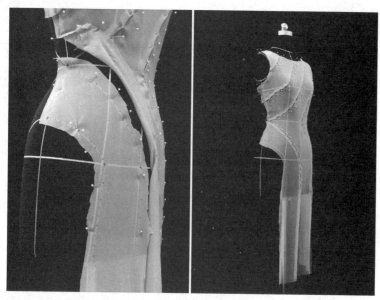

a. 样片完成　　　　　　　　b. 别合样片一～七

图**5-39**　样片七立体裁剪过程

## 8）样片八

(1) 将样片八的水平参考线与人台腰围线对齐，将样片的纵向参考线与人台腰围线上公主线与侧缝的中点对齐，在参考线相交处可用双针固定样片，采样如图5-32所示。

(2) 将样片自腰围线向下抚平，用双针固定的针法，靠近臀围线处放0.5cm的松量，沿造型线单针固定样片。

(3) 沿样片的造型线进行修剪，粗留2cm缝份，如图5-40中a、b所示。

(4) 点影。

(5) 将样片一～八用别缝针法别合，如图5-40中c、d所示。

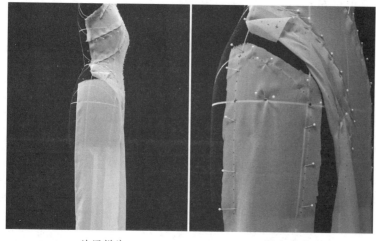

a. 放置样片　　　　　　　　b. 样片完成

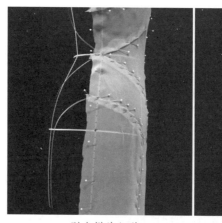

c.别合样片细节　　　　　　　　d.别合样片一~七

图**5-40**　样片八立体裁剪过程

### 9)插片

**小贴示:**

插片建议用平面样板在面料上裁出。要注意用纸样裁出面料时丝缕为直丝,否则裁出的样片会变形。

(1)确定插片的位置,在臀围线以下18~20cm。

(2)插片大小、形状如图5-32所示。

(3)将插片用别合针法,与衣身别合在一起。可以在平面上进行操作。如图5-41中a、b、c、d所示。

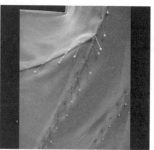

a.插片细节一　　　　　　　b.插片细节二

c.别合过程

图**5-41**　菱形插片

147

● 成衣效果图

图5-42 成衣效果图

### 5.3.3 完成纸样

图5-43 完成纸样示意图

# 5.4 斜向多片分割小礼服

## 5.4.1 款式分析

● 款式造型图

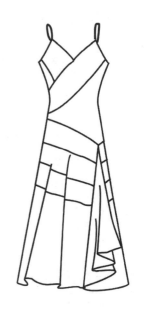

a. 前

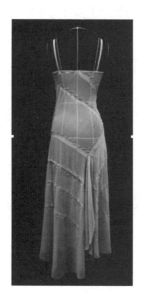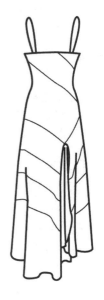

b. 后

图**5-44** 款式造型图

- 款式分析

### 1）描述

此款式以斜向分割线为主体，上身为平行的斜向分割线，下身为无侧缝斜向螺旋分割，与上身形成相反方向的分割。

### 2）重点

(1) 裙子上身部位的分割线进行设计时，要从功能性与美观性两方面进行考虑。

(2) 腰部无分割线，所以在立裁覆盖腰部的样片时，应采用斜丝。因斜丝有较好的延伸性，覆在腰部可达到合体的效果，故制作时，应注意此处的丝缕线及立裁手法。

(3) 裙摆的分割线外观为斜向平行线，实际制作时样片实为横向分割。将横向样片与衣身不规则斜向线进行拼接，裙摆垂下时，便会产生出错落有致的裙摆分割线的效果。

- 选用面料

面料：真丝乔其纱

制作时需注意的问题同5.1.1。面料图示见图1-34。

## 5.4.2 制作步骤

- 贴出造型线

按款式造型图在人台上贴出造型线。造型线在设计时，应该尽量通过人体各曲面的转折，这样才有利于合体类造型的塑造。

应注意线条要流畅，样片比例协调，前后片在侧缝处应衔接流畅优美。

自左至右，位置参考如图 5-45所示。

- 采样

本款式样片比较多，根据图示所标顺序，编号如图5-46所示。

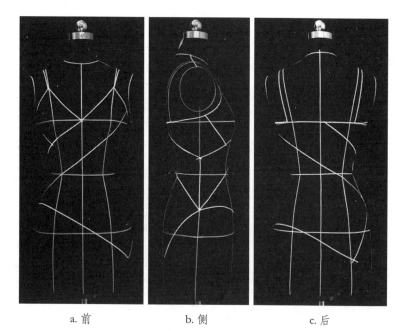

a. 前     b. 侧     c. 后

图**5-45** 款式造型线

a. 前片编号      b. 后片编号

图**5-46** 样片编号示意图

根据上图编号，将每片样片的采样图示绘制如图5-48。

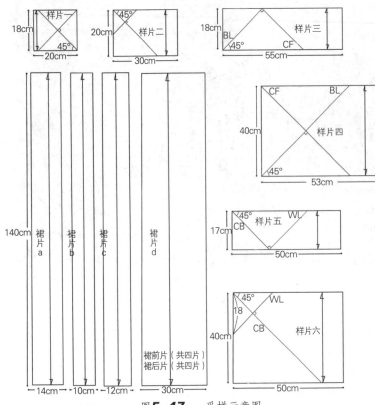

图**5-47** 采样示意图

小贴示：

当面料在纵向呈斜向丝缕时，此时面料有较大的延伸性，如同弹性面料般可以更好的贴合人体或人台。如片一，虽然面料所包覆的曲面曲度较大，但用斜丝仍可达到平服的效果。在立裁时，可巧妙的利用面料这一特性，实现功能与造型的完美统一。

● **制作步骤**

**1）样片一**

（1）将样片一的45度斜丝缕参考线对准人台公主线，横向参考线与人台胸围线对齐，采样如图5-47所示。从人台胸围线开始，分别向上、下两端抚平样片，单针固定，斜向插针。

（2）沿造型线修剪出轮廓，粗留2cm缝份，如图5-48所示。

（3）点影。

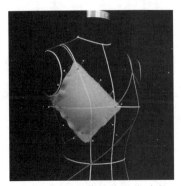

图**5-48** 样片一的立裁过程

## 2）样片二

（1）将样片二的45度斜丝缕参考线对准人台侧缝线，横向参考线与人台胸围线对齐，采样如图5-47所示。从人台胸围线开始，向下抚平样片，单针固定，斜向插针。

（2）按造型线修剪出轮廓，粗留2cm缝份。

（3）点影。

（4）用别缝针法别合样片一和样片二，如图5-49所示。

## 3）样片三

（1）将样片三的45度斜丝缕参考线对准人台前中心线，横向参考线与人台胸围线对齐，采样如图5-47所示。从人台胸围线开始，分别向上、向下抚平样片，单针固定，斜向插针。

（2）按造型线修剪出轮廓，在曲面转折的地方打剪口，粗留2 cm缝份。

（3）点影。

（4）用别缝针法别合样片一、二与三，如图5-49所示。

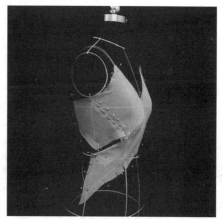

图**5-49** 样片二、三的立裁过程

## 4）样片四

（1）将样片四的45度斜丝缕参考线对准人台前中心线，横向参考线与人台腰围线对齐，采样如图5-47所示。从人台腰围线开始，分别向上、向下抚平样片，单针固定，斜向插针。

（2）按造型线修剪出轮廓，侧缝打剪口，粗留2cm缝份。

（3）点影。

（4）用别缝针法别合样片一、二、三和四，如图5-50所示。

**小贴示：**

斜丝缕一般为45度的剪裁方向，该斜向面料有较好的弹性，故松量无需放太多，亦可不放。又由于面料本身在纵向上有悬垂性，穿在身上会更加贴体。

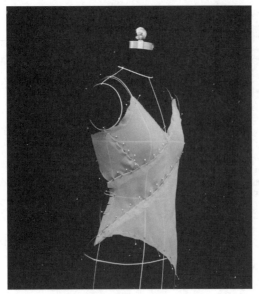

图**5-50** 样片四的立裁过程

### 5）样片五

(1) 将样片五的45度斜丝缕参考线对准人台的后片公主
    线，横向参考线与人台腰围线对齐，采样如图5-47
    所示。从人台腰围线开始，分别向上、向下抚平样
    片，单针固定，斜向插针。

(2) 按造型线修剪出轮廓，侧缝打剪口，粗留2cm缝份，
    如图5-51中a、b所示。

(3) 点影。

(4) 将样片一～五用别缝针法别合，如图5-51中c所示。

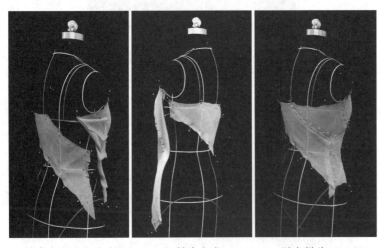

a.样片在人台上的放置    b.样片完成    c.别合样片一～五

图**5-51** 样片五立体裁剪过程

### 6）样片六

(1) 将样片六的45度斜丝缕参考线对准人台后中心线，横向参考线与人台腰围线对齐，采样如图5-47所示。从人台腰围线开始，分别向上、向下抚平样片，侧缝处可打剪口，单针固定，斜向插针。

(2) 按造型线修剪出轮廓，粗留2cm缝份，如图5-52中a、b所示。

(3) 点影。

(4) 将样片一～六用别缝针法别合，如图5-52中c、d所示。至此，裙上身立裁完成。

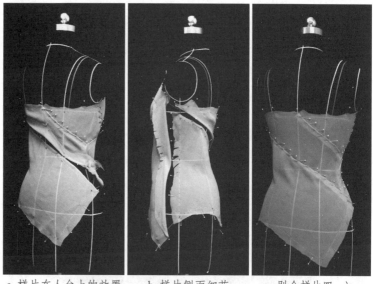

a. 样片在人台上的放置    b. 样片侧面细节    c. 别合样片四～六

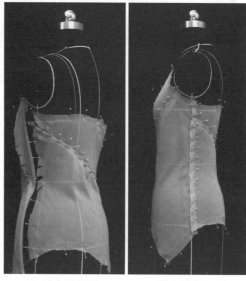

d. 别合后侧面    c. 别合样片一～六

图**5-52**　样片六立体裁剪过程

## 7）裙前片

(1) 先在平面上，将四个长方形样片用抓合针法合成一个大的长方形，四片样片采样如图5-47所示。

(2) 将长方形裙片的纵向参考线与人台的侧缝线对齐，用单针将长方形的外边缘沿造型线固定到人台上，如图5-53中a、b、c、d所示。

(3) 用抓合针法将其与上身抓合在一起，自然下垂后便形成不规则的垂浪，如图5-53中e、f所示。

(4) 点影。

a. 裙片在人台上的放置

b. 裙片侧面一

c. 裙片后侧

d. 侧面细节

e. 别合裙片与衣身

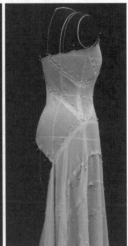
f. 完成后侧面效果

图**5-53** 裙前片的立裁过程

**小贴示：**

抓合时，可留出毛边，当制作成成衣时，可用密拷机对毛边进行处理，形成独特的外观效果。

## 8）裙后片

(1) 裙后片采样方法以及样片的立体裁剪手法，同前片基本相同，采样见图1-47，过程如图5-54中a～e所示。

**小贴示：**

长方形抓合时，可以不别合裙摆两端，让其自然展开，则更加飘逸。

a. 裙片在人台上的放置　　　　b. 裙片侧面细节

c. 别合裙正面　　　　d. 侧面　　　　e 完成后效果

图**5-54**　裙后片的立裁过程

(2) 做好后片后，将前后裙片抓合，修顺裙摆，线条要流畅。裙摆造型可视风格而定。也可以不修圆摆，保留菱形的风格，如图5-55所示。

a. 修剪细节

b. 前面裙摆

c. 后面裙摆

图**5-55** 裙摆的修剪过程

（3）肩带

　　用细带在肩部别出此服装肩带，宽度大约为1cm，如
　　图5-56所示。

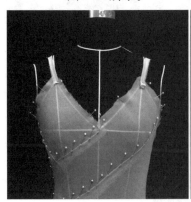

a. 前肩

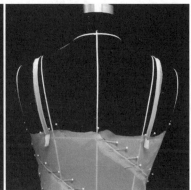

b. 后肩

图**5-56** 肩带

**158**

- **成衣效果图**

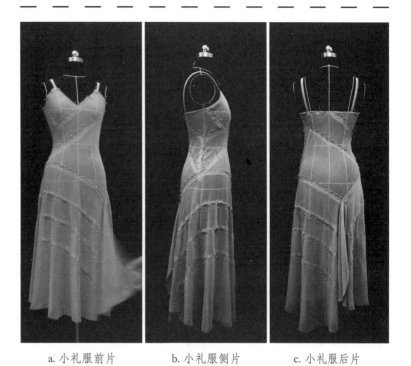

a. 小礼服前片　　　　b. 小礼服侧片　　　　c. 小礼服后片

图**5-57**　成衣效果图

## 5.4.3　完成纸样

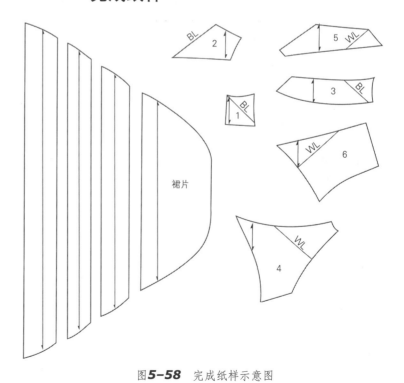

图**5-58**　完成纸样示意图

# 5.5  分割线造型款式拓展

● 款式一

● 款式特点

　　此款式的衣身为简洁合体造型,通过分割线塑造出胸、腰、臀处的造型,并形成一定的设计感。

● 立裁特点

　　(1)分割线较多,呈对称状,形成设计感。

　　(2)因分割线跨越的部位较多,可以合体的塑造出人体凸面。

● 立裁方法与要点

　　(1)分割线在衣身上的位置标记线很重要,要造型优美平衡。

　　(2)在操作时,应注意各样片的立裁准确度,拼合时要圆顺优美。

- 款式二

- 款式特点

　　此款式衣身的上部分为简洁合体造型,通过分割线塑造出胸、腰处的造型,下半部分通过波浪塑造出小A裙的造型。

- 立裁特点

（1）分割线较多，呈对称状，形成设计感。
（2）分割线的位置与波浪处相对应。

- 立裁方法与要点

（1）分割线在衣身上的位置标记线很重要，要造型优美平衡。
（2）在操作时，应注意各样片的立裁准确度，拼合时要圆顺优美。
（3）波浪处与分割线位置相对应，上下和谐一致。

- 款式三

- 款式特点

　　此款式整体造型为紧身鱼尾合体造型,衣身为倒V形分割,袖子为斜向螺旋分割,并用不同的面料形成对比。

- 立裁特点

　　(1) 衣身分割线较多,呈对称状,形成设计感。

　　(2) 衣袖分割线为斜向螺旋状。

- 立裁方法与要点

　　(1) 分割线在衣身上的位置标记线很重要,要注意分割线的宽窄,造型应优美平衡。

　　(2) 在操作时,应注意各样片的立裁准确度,各样片拼合时要圆顺优美。

- 款式四

- 款式特点

　　此款式整体造型为合体抹胸短裙造型,在分割线上延伸出立体造型,塑造较夸张的胸部和臀部。

- 立裁特点

　　(1) 衣身分割线较多,呈对称状,形成设计感。
　　(2) 衣身分割线处在其基础上向上延伸,形成立体造型。

- 立裁方法与要点

　　(1) 分割线在衣身上的位置标记线很重要,要注意分割线的宽窄,造型应优美平衡。
　　(2) 应在分割线的基础上注意立体造型的塑造。
　　(3) 在操作时,应注意各样片的立裁准确度,各样片拼合时要圆顺优美。

本章详细分析了三件不同款式的波浪造型的小礼服设计。通过对三款礼服的造型分析、制作重点与制作方法的阐述，使学习者掌握波浪用于领饰、衣身时的制作方法，掌握大波浪、小波浪的制作方法。并在此基础上对制作方法相同的波浪款式礼服进行拓展，使学习者可以举一反三，触类旁通。

# 波浪造型的小礼服设计 6

# *6.1* 一片式垂浪领合体连衣裙

## 6.1.1 款式分析

● 款式造型图

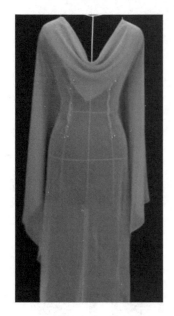 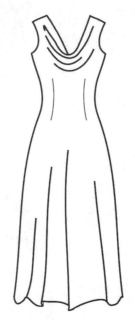

图*6-1* 款式造型图

● 款式分析

1）款式具体描述

　　此款是胸前垂浪、腰部合体的一片式礼服裙。款式制作简单，却可以达到优雅的效果。

2）款式制作重点

（1）悬垂波浪量的把握。

（2）悬垂位置的确定。

● 选用面料

　　面料：真丝乔其纱
　　制作时需注意的问题同5.1.1。面料图示见图1-34。

## 6.1.2 制作步骤

● 贴出造型线
————  — —— —— ——

　　按款式造型图在人台上贴出造型线，造型线应流畅美观，如图6-2所示。

　　除造型线外，还要用美纹胶带将垂浪的位置做出标记。

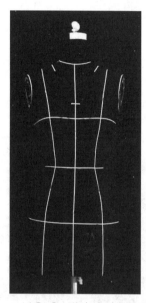

图**6-2**　款式造型线

● 采样
————  — —— —— ——

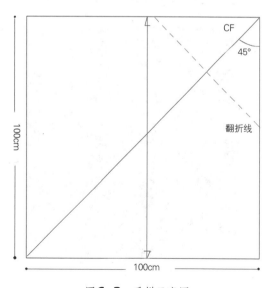

图**6-3**　采样示意图

● 制作步骤

(1) 将面料沿与丝缕呈45度对折，前中心线亦为45度斜丝缕，如图6-3所示。

(2) 在左肩用珠针单针固定，右手拉起面料，左手放在波浪的最低处，右手继续把面料上拉，左手处便会自然形成垂浪，再将右手拉起的面料单针固定在右肩上，如图6-4中a、b、c所示。

(3) 用手在垂浪的最低位置调整垂浪的造型。

(4) 从垂浪向下抚平，在腰部前后公主线的位置，可用抓合针法做出两个省，如图6-4中d所示。

(5) 固定侧缝，形成合体的效果，侧缝处多余的量可作为袖造型。

小贴示：

可以看到，因为面料为斜丝缕的缘故，延伸性较好，衣身省量不是特别大，故更贴合人体。

小贴示：

在真正缝制成衣之前，领口缝份的修剪，应沿领口的造型线向外延伸5cm，把多余的三角剪掉。

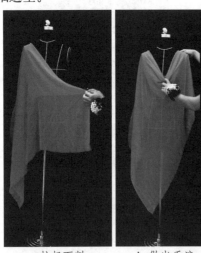

a. 拉起面料　　　b. 做出垂浪

c. 垂浪领部造型　　　d. 整体效果

图6-4　胸前垂浪，肩部无褶的小礼服立裁过程

168

### 6.1.3 完成纸样

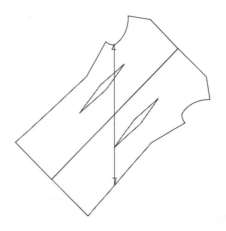

图**6-5** 完成纸样示意图

### 6.1.4 款式拓展

**1）款式拓展一：肩部有褶裥的胸前垂浪造型**

● **款式造型图**

图**6-6** 款式造型图

● **款式分析**

此款式与之前胸前有垂浪的款式不同之处在于肩部，即为肩部有褶裥的胸前垂浪造型。

● **采样**

采样图同图6-3。

## ● 制作方法

　　胸前垂浪的做法与之前的一款相同，在完成胸前垂浪后，在肩部沿垂浪造型调整出褶裥，这样就变成了肩部有褶裥的胸前垂浪，如图6-7中a、b所示。

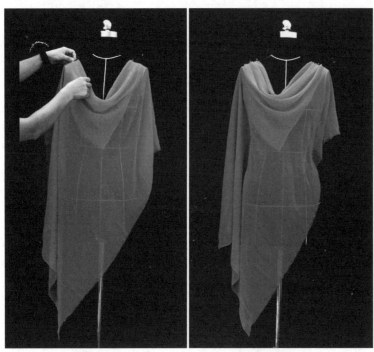

a. 做出肩部褶裥　　　　　　b. 最终造型

图**6-7**　肩部有褶裥的胸前垂浪立裁过程

**小贴示：**

此款可做单肩褶裥，亦可做双肩褶裥，视造型而定。相对于无褶裥的垂浪，肩部有褶裥的胸前垂浪较稳定。

## ● 完成纸样

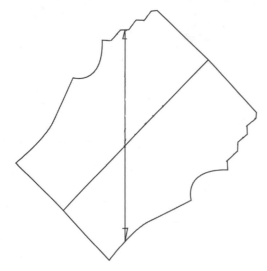

图**6-8**　完成纸样示意图

**170**

2) 拓展款式二：后背垂浪

● 款式造型图

图**6-9** 后背垂浪的款式图

● 采样

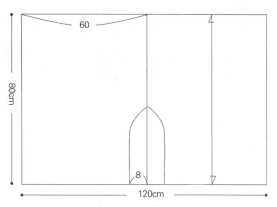

图**6-10** 采样示意图

● 制作步骤

（1）将样片沿经向丝缕线方向对折，在平面上用珠针将其别合成半拱门形，如图6-11中a所示。

（2）将样片沿珠针别合的痕迹进行修剪，粗留2cm的缝份，如图6-11中b所示。

（3）在人台的腰围中心处向下3～4cm找一个点，将别合好的面料的竖线顶端对准该点，沿之前别合的痕迹，将其双针固定在人台上。

（4）下方固定好后，将样片的上端面料左右分开，从两边向中间抚平肩部，单针固定。

（5）将波浪调整，形成两个垂浪，最终造型如图6-11中c所示。

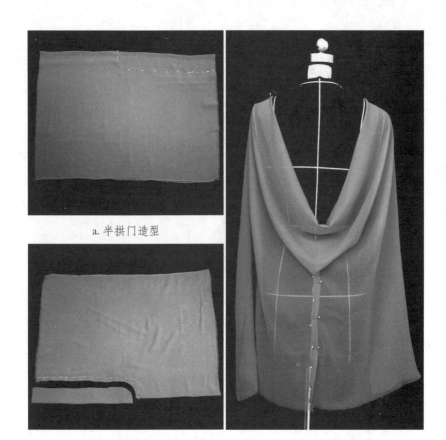

a. 半拱门造型

b. 将拱形剪下　　　　c. 最终造型

图*6-11*　后背垂浪的立裁过程

● 完成纸样

---

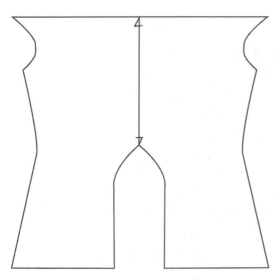

图*6-12*　完成纸样示意图

# 6.2 双层大波浪小礼服

## 6.2.1 款式分析

● 款式造型图

图6-13 款式图

小贴示：

因款式比较简单，所以整体的比例、波浪的大小的把握是非常关键的，只有设计到位，才能做出好的效果。

● 款式分析

1）款式具体描述

此款小礼服简洁甜美，整件衣服由两层波浪组成，裙长在膝盖以上，如图6-13所示。

2）款式制作重点

（1）两波浪裙片的长度之间的比例。

（2）波浪量的把握。

● 选用面料

面料：素绉缎 参见图1-35所示。

173

## 6.2.2　制作步骤

● 贴出造型线
———　———　———　———　———

　　根据款式图在人台上用美纹胶带贴出造型线。除造型线外，还要标记出波浪的位置。在人台前中心处以及公主线的位置各有一个波浪，两侧靠近侧缝处有波浪如图6-14中a、b、c所示。

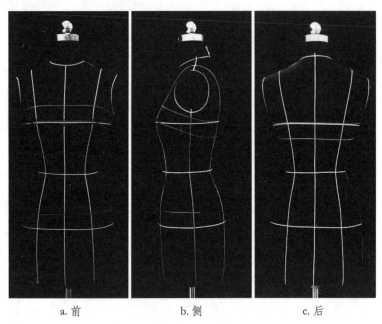

a. 前　　　　　　b. 侧　　　　　　c. 后

图**6-14**　款式造型线

● 采样
———　———　———　———　———

　　此款式为波浪造型，故立裁时只做一半即可，另一半对称即可得到。本款式样片比较少，采样编号如图6-15所示。

图**6-15** 样片编号示意图

根据编号，将每片样片的采样图示绘制如图6-16。

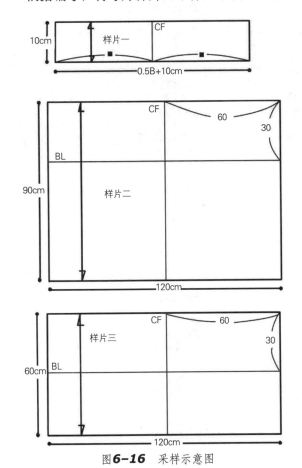

图**6-16** 采样示意图

**小贴示：**

制作礼服裙成衣时，样片一应有两层。应注意的是，里布的上口需粘贴衬条，衬条应比面料要短0.5cm，这样可达到上口收紧的效果，使得小礼服穿在身上既美观，且平服不易滑落。

● 制作步骤

1）样片一

（1）将样片一的纵向参考线与人台前中线对齐，样片水

175

平参考线与人台胸围线水平对齐，采样如图6-16所示。样片的前中心处可采用双针固定。

（2）将样片一从前中心开始，向两侧抚平，单针固定，斜向插针，如图6-17中a所示。

（3）沿造型线进行修剪，粗留2cm缝份。

（4）在样片上沿造型线进行点影，转折处用"十"字符号来进行标记，如图6-17中b、c所示。

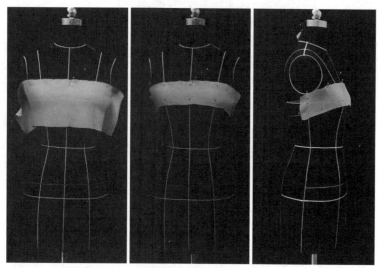

a.样片在人台上的放置　　b.样片完成（前）　　c.样片完成（侧）

图6-17　样片一的立裁过程

## 2）样片二

（1）将样片二的纵向参考线与人台前中线对齐，样片水平参考线与人台胸围线水平对齐，采样如图6-16所示。样片的前中心处可采用双针固定，如图6-18中a所示。

（2）波浪处打剪口，双针固定，将下方面料用手拉起，做出波浪造型。

（3）波浪做好后，可用珠针用别合针法将其固定，如图6-18中b所示。

（4）波浪完成之后，将前胸围处修剪水平，粗留2cm缝份。

（5）修剪侧缝，在腰线处打剪口，抚平面料，粗留2cm缝份，如图6-18中c、d所示。

（6）修剪下摆。

（7）在样片上点影，转折处用"十"字符号标记，如图6-18中e所示。

**小贴示：**

胸围线上方留30cm，作为波浪量的预存。在立裁波浪造型时，水平线上方的预留量决定了波浪量的大小。预留量越大，波浪量越大。反之，波浪量越小。

(8) 将样片二取下，放在平面上进行修剪，将样片的另外一边拷贝。

(9) 将修整好的面料固定到人台上，再对裙摆进行立体修正，最终效果如图6-18中f所示。

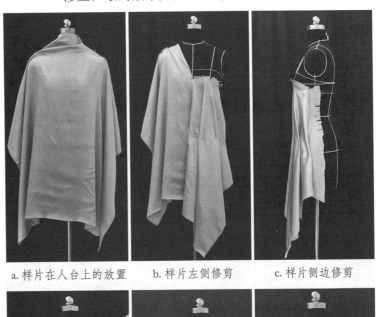

a. 样片在人台上的放置    b. 样片左侧修剪    c. 样片侧边修剪

d. 样片左侧裙摆修剪    e. 样片左侧修剪完成    f. 样片完成

图**6-18**　样片二的立裁过程

### 3）样片三

(1) 将做好的样片一、二取下，对样片三进行立裁。

(2) 将样片三的纵向参考线与人台前中线对齐，样片水平参考线与人台胸围线水平对齐，采样如图6-16所示。样片的前中心处可采用双针固定，如图6-19中a所示。

(3) 在前中心处自上而下打剪口，至前中心线与水平胸围线的交点，此点即前中心波浪的位置。

（4）将面料左片从前中心沿胸围线向下抚平，在前中心线波浪的位置，用手拉起一定的波浪量。

（5）用珠针将波浪量用抓合针法进行固定。

（6）继续自前中心胸围线处抚平，在第二个波浪的位置处，用相同的做法做出波浪。之后的波浪做法相同，如图6-19中b所示。

（7）波浪完成之后，将前胸围处修剪水平，粗留2cm缝份。

（8）将样片下摆修水平，如图6-19中c所示。

（9）将做好的面料取下，放在平面上进行修剪，将另外一边拷贝。

a.样片在人台上的放置 　　b.样片左片修剪 　　c.样片左侧修剪完成

图*6-19*　样片三的立裁过程

● **成衣效果图**

图*6-20*　成衣效果图

## 6.2.3 完成纸样

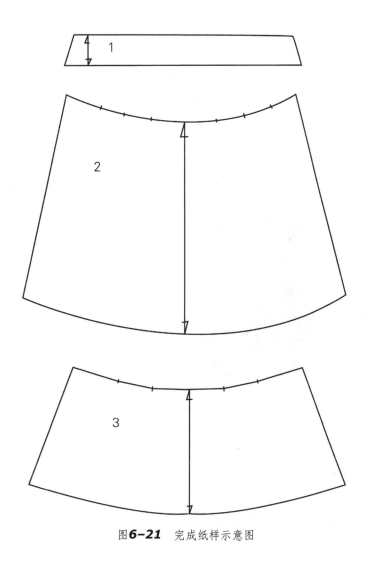

图**6-21**　完成纸样示意图

# 6.3 皱褶波浪小礼服

## 6.3.1 款式分析

● 款式造型图

图 **6-22** 款式图

● 款式分析

1）款式具体描述

此款小礼服胸前为交叉设计，上身衣片抽碎褶，在腰部一侧集中。腰部以下是多层窄波浪斜裁裙，裙片的整体方向呈斜向。

2）款式制作重点

(1) 胸前样片皱褶量的大小。皱褶量若太小，则皱褶造型感不强；若量太大，则会显得人体臃肿。

(2) 胸前样片皱褶的方向。方向的把握对整体效果会有所影响，本款式建议呈放射状效果为好。

(3) 裙摆波浪大小的把握。

● 选用面料

面料：顺纤绉
如图1-36所示。

## 6.3.2 制作步骤

### ● 贴出造型线

根据款式图用美纹胶带贴出造型。前为斜向交叉设计，后片为露背、腰部斜向分割线设计。应注意各线条的角度与比例，如图6-23所示。

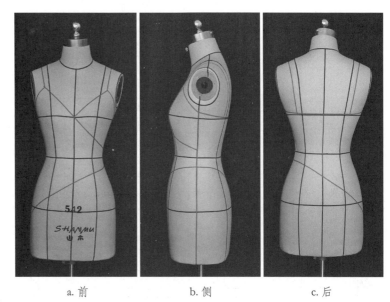

a. 前　　　　　　　　b. 侧　　　　　　　　c. 后

图**6-23**　款式造型线

### ● 采样

此款式为非对称造型，故要在立裁上做出所有衣片，采样编号如图6-24中所示。

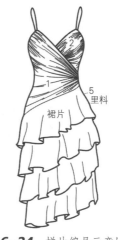

图**6-24**　样片编号示意图

根据上图编号，将每片样片的采样图示绘制如图6-25所示。

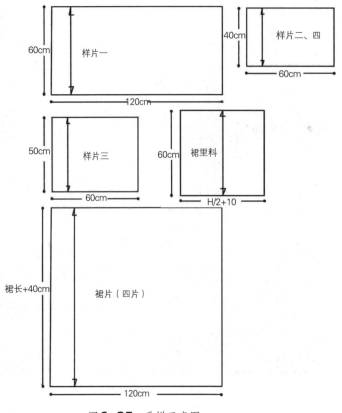

图**6-25** 采样示意图

## ● 制作步骤

### 1）样片一

(1) 将样片一的纵向参考线与样片一的领口造型线对齐，采样如图6-25所示。样片的前中心处可采用双针固定。

(2) 沿造型线领口造型线方向、自上而下做出细小皱褶，一边做，一边用珠针将皱褶单针固定，如图6-26中a所示。

(3) 做出皱褶时，将其沿人体抚平，皱褶的大小根据自己的设计效果来定，如图6-26中b所示。

(4) 沿造型线进行修剪，粗留2cm缝份，最终效果如图6-26中c所示。

**小贴示：**

褶或裥向下取时，可用美纹胶带沿有褶或裥的样片净缝进行固定，这样便于向下拿取的同时，褶或裥不会变形；同时，也会起到标识净缝的作用。

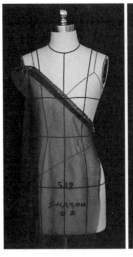  

**小贴示：**

样片的一侧沿皱褶多余的量也若不修剪，侧可在侧面出现垂浪的效果。

a. 沿胸部造型做出皱褶　　b. 皱褶制作过程　　c. 最终样片

图**6-26**　样片一的立裁过程

## 2）样片二

(1) 将做好样片一的一侧折起，便于进行样片二的立裁。

(2) 将样片二的纵向参考线与人台前中线对齐，样片水平参考线与人台胸围线水平对齐，采样如图6-25所示。样片的前中心处可采用双针固定。

(3) 样片二的作法同样片一，沿造型线通过皱褶对胸部进行塑造，如图6-27中a、b所示。

(4) 制作完之后，用美纹胶带将样片的四周固定，如图6-27中c所示。

(5) 将制作完成的样片一与样片二别合，最终效果如图6-27中d所示。

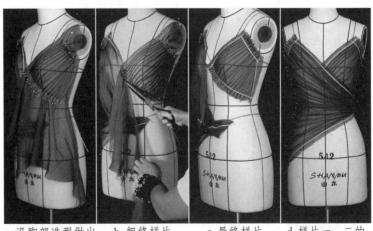

a. 沿胸部造型做出　　b. 粗修样片　　c. 最终样片　　d. 样片一、二的
　　皱褶　　　　　　　　　　　　　　　　　　　　　　　别合

图**6-27**　样片二的立裁过程

## 3）样片三

(1) 将样片三的纵向参考线与人台前中线对齐，样片水平参考线与人台胸围线水平对齐，此样片的水平方向为直丝缕，采样如图6-25所示。样片的前中心处可采用双针固定，如图6-28中a所示。

(2) 沿人体的曲面依次做出皱褶，作法同样片一、二，如图6-28中b、c所示。

(3) 制作完之后，用美纹胶带将样片的四周固定，如图6-28中d所示。

(4) 在侧缝处别合样片三与样片一、二，如图6-28中e、f所示。

a. 样片放置

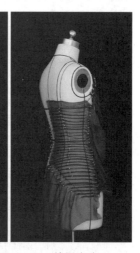

b. 沿背造型做出皱褶

c. 皱褶完成

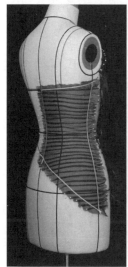

d. 粗修样片

e. 样片一～三的别合

f. 最终效果

图**6-28**　样片三的立裁过程

## 4）样片四

(1) 样片四的制作方法与样片三相同，如图6-29中a所示。

(2) 样片完成之后，在侧缝处别合样片四与样片一、二，在后中心处别合样片三与样片四，如图6-29中b、c所示。

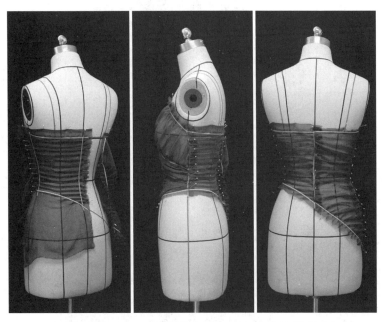

a. 皱褶完成                b. 别合侧缝                c. 别合后中缝

图*6-29* 样片四的立裁过程

## 5）样片五

(1) 在制作此礼服的波浪裙时，可在裙子里做一个衬裙，支撑外层的波浪裙。

(2) 将样片五的纵向参考线与人台前中线对齐，样片水平参考线与人台胸围线水平对齐，采样如图6-25所示。样片的前中心处可采用双针固定。

(3) 将面料由中心向外侧抚平，沿轮廓线单针固定，修剪样片，粗留2cm缝份。

(4) 将四个垂浪的位置用美纹胶带标出，最终效果如图6-32所示。

**小贴示：**

因腰部分割线的位置比较低，省的大部分量都分布在裙片上方，故样片五的省量可忽略不计。

图**6-30** 样片五的立裁过程

小贴示：

立体裁剪时，若人台的下半身长度不满足立裁的需求，则可在人台上用硬纸板接到臀围上，方便下一步制作。若有全身人台，则可采用此类模型。

## 6）四片裙片

(1) 将样片的纵向参考线与人台前中线对齐，样片水平参考线与人台胸围线水平对齐，采样如图6-23所示。样片的前中心处可采用双针固定，如图6-31中a所示。

(2) 在波浪处打剪口，剪口处双针固定，将下方面料用手拉起，做出波浪造型，如图6-31中b所示。

(3) 沿分割线根据波浪的标记位置，依次做出波浪。

(4) 用美纹胶带标记出造型线，沿造型线处进行修剪，粗留2cm缝份，如图6-31中c所示。

(5) 将第一层波浪与上方衣身别合在一起，如图6-31中d所示。

(6) 下面三层波浪的制作方法同第一层波浪，如图6-31中e所示。

小贴示：

进行波浪修剪时，上一个波浪下摆的位置要比贴好的标记线向下3cm，这样可以盖住下方的波浪与里料的接缝。

小贴示：

若因面料颜色深，在面料上点影看不清楚，则可用美纹胶带来标识。

a. 样片放置　　　b. 做出波浪　　　c. 波浪裙片一完成

小贴示：

波浪的毛边可用密拷的方法进行处理，会出现另外一种效果。

**小贴示：**

缝制波浪与里料的接缝时，
亦可用缎带或与面料相符的
织带直接将波浪样片的缝份
压住缝制。

d. 别合裙片与衬裙　　　　　　e. 四片裙片最终效果

图**6-31**　裙片的立裁过程

● 成衣效果图

a. 前　　　　　　　　　　b. 后

图**6-32**　成衣效果图

**187**

## 2.3.3 完成纸样

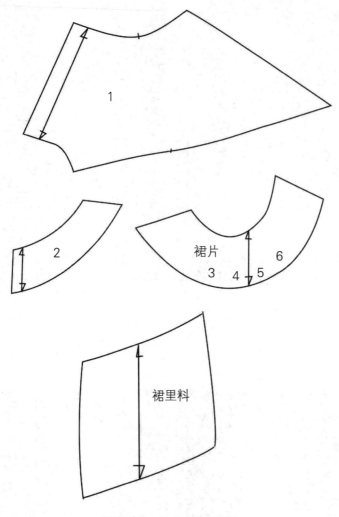

图6-33 完成纸样示意图

# 6.4 波浪造型款式拓展

- ● 款式一

- ● 款式特点

    此款式的衣身为简洁合体造型,在一边侧缝分割线处嵌入纵向带鱼状波浪。

- ● 立裁特点

(1) 纵向波浪的形成可以有两种方式,一是通过抽褶形成,二是通过弧形波浪形成。

(2) 此款式采用两层面料,应选用较挺括的面料,上下有两层面料相互搭叠,形成层次感。

(3) 波浪在肩部较为夸张,慢慢延伸至脚踝处变小。

- ● 立裁方法与要点

(1) 款式造型线在侧缝处微微前偏,可让波浪更好的展示。

（2）在操作时，应注意波浪量的控制，肩部采用抽褶与弧形波浪两种方法实现夸张造型，腰部以下可以采用弧形手法。

（3）波浪有两个，第一个波浪是从肩部到腰部，肩部量较为夸张，腰部以下慢慢变少；第二个波浪在第一个波浪后面，胸部波浪量聚集，到脚踝处慢慢变少。

（4）波浪采用了两种面料，不一样的宽度显出层次的分布。

● 款式二

● 款式特点

此款式为小A形吊带长裙，腰线以下为四层波浪造型。

● 立裁特点

（1）横向波浪的形成可以通过剪一剪、拉一拉的手法形成。

（2）波浪量较少，应注意控制上下波浪量的关系。

● 立裁方法与要点

（1）款式造型线应合理的设置波浪量的位置，确定好四层波浪比例的分布。

（2）在操作时，应注意波浪量的控制。

- **款式三**

- **款式特点**

此款式将波浪造型应用于胸部分割处，与外套衣身结合到一起。

- **立裁特点**

（1）横向波浪可通过抽褶的手法形成。

（2）波浪量较多，应注意控制波浪量造型的关系，应最终形成A廓型的造型。

- **立裁方法与要点**

（1）款式造型线在胸围线以上，长度到臀围线处。

（2）在操作时，应注意波浪量的控制。

● 款式四

● 款式特点

此款式为上半衣紧身合体,下半身双层大波浪造型裙摆。

● 立裁特点

(1) 横向波浪的形成通过弧形波浪形成。

(2) 此款式采用挺括的纱与缎面料,上下有两层有层次感,前短后长。

● 立裁方法与要点

(1) 波浪款式造型线在腰线与臀围线间,呈倒V形。

(2) 在操作时,应注意波浪量的控制,并注意波浪前短后长的造型。

(3) 波浪有两个,第一个波浪由缎面制作,从前中开始慢慢顺延到后面形成拖摆,第二个波浪用硬纱制作,从前中开始顺延到后中,比第一层要更短一些。

(4) 波浪采用了两种面料,不一样的挺括度影响了波浪裙摆的内外造型。

- 款式五

- 款式特点

此款式的衣身为简洁合体造型,波浪在胸线以形成层次。

- 立裁特点

(1) 波浪量较少,可能过弧形波浪形成。

(2) 此款式波浪有两层,内层合体,外层波浪量大一些,形成里外的空间感。

- 立裁方法与要点

(1) 波浪款式造型线在胸围线以上,袖窿的二分之一处。

(2) 在操作时,应注意波浪量的控制,里层波浪量很小,较合体,外层波浪量大一些。

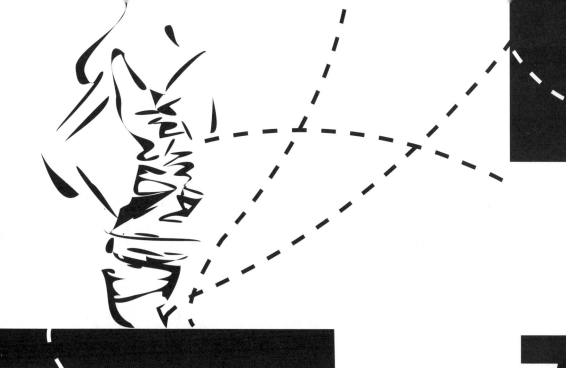

# 褶裥造型的小礼服设计 7

本章详细分析了五件不同款式的褶裥造型的小礼服设计。通过对五款小礼服的造型分析以及对制作重点和制作方法的阐述，使学习者掌握规则褶裥与不规则褶裥的制作方法，交叉褶裥与放射褶裥的制作方法，在胸部、侧缝、肩等位置的褶裥制作方法。并在此基础上对制作方法相同的褶裥款式礼服进行拓展，使学习者可以举一反三，触类旁通。

# 7.1　胸前交叉褶裥小礼服

## 7.1.1　款式分析

● **款式造型图**

图**7-1**　款式图

● **款式分析**

**1）款式具体描述**

此小礼服裙胸前为交叉褶裥设计，褶裥相交的地方在前中心线偏左2cm左右。裙身在胸部做出交叉状的大的褶裥，慢慢延伸到裙摆处消失。

**2）款式制作重点**

（1）胸前交叉褶裥的设计。在设计时，应考虑褶裥的方向、大小以及交叉位置的设置。

（2）裙片上胸前褶裥的设计。在设计时，应考虑褶裥的方向、大小及位置，使得褶裥由胸部到下摆慢慢消失，并在下摆形成收口的效果。

（3）应注意胸部褶裥与裙片褶裥的位置、方向、大小以及数量方面和谐统一。

● **选用面料**

面料：素绉缎
制作时需注意的问题同6.2.1中所表述。面料图示见图1-35。

## 7.1.2 制作步骤

● 贴出造型线

根据款式图用美纹胶带贴出造型线。除造型线外，还要标记出垂浪的位置。

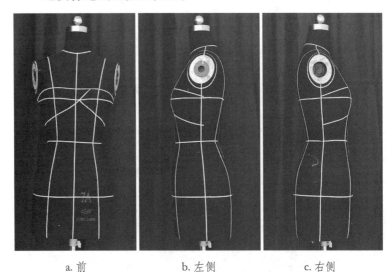

a. 前          b. 左侧          c. 右侧

图**7-2** 款式造型线

● 采样

**1）采样编号示意图**

此款式为非对称造型，故要在立裁上做出所有衣片，采样编号如图7-3所示。

图**7-3** 样片编号示意图

## 2）采样样片示意图

根据图7-3中编号，绘制每片样片的采样示意图如图7-4所示。

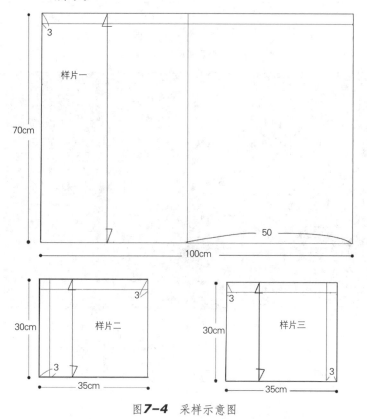

图**7-4** 采样示意图

● 制作步骤

## 1）样片一

(1) 将样片一的前中心参考线与人台前中线对齐，样片的水平参考线与人台胸围线水平对齐，采样如图7-4所示。前中心处可采用双针固定。

(2) 先在人台的一边做出两个褶裥，两个褶裥的方向设计为相反，做好之后将其单针固定。

(3) 沿一侧胸部轮廓线和侧缝进行修剪，粗留2cm的缝份。

(4) 用美纹胶带在修剪好的面料上贴出原轮廓线，这样可起到标记和固定褶裥的作用，如图7-5中a所示。

(5) 做另一侧三个褶裥。在靠近前中心线的位置，先做出中间最大的褶裥。将此褶裥压住另一侧靠近中间位置的褶裥，并从上方向下延伸，到下摆处消失。

**小贴示：**

插针的方向：双向插针对面料固定效果最好，面料不易滑动。单针固定较双针更快捷，但应注意的是，要与布料容易滑动的方向相反，这样才不至于使布料的位置有所变化。

（6）继续向右做另外两个褶裥，这两个褶裥应相对小且短一些。

（7）用美纹胶带贴出胸部轮廓线，修剪胸部轮廓线及侧缝线，粗留缝份2cm，如图7-5中b所示。

a. 一侧绉褶完成          b. 另一侧绉褶完成

图7-5 样片一的立裁过程

## 2）样片二

（1）将样片二的纵向参考线与人台前中线对齐，样片水平参考线与人台胸围线水平对齐，采样如图7-4所示。在样片上沿胸围线单针固定。

（2）沿水平方向做出不规则褶裥，褶裥的折叠方向可以朝上，也可以朝下。一边做，一边用珠针进行固定。

（3）褶裥完成之后，沿轮廓线贴上美纹胶带，修剪样片，粗留2cm缝份，点影，如图7-6中a所示。

（4）用别缝针法别合样片一、二，如图7-6中b、c所示。

a. 做出样片褶裥     b. 褶裥完成（正）     c. 褶裥完成（侧）

图7-6 样片二的立裁过程

### 3）样片三

(1) 将样片三的水平参考线与人台胸围线水平对齐，采样如图7-4所示，将其单针固定。

(2) 用与样片二相同的方法，做出样片三的不规则褶裥，如图7-7中a所示。

(3) 褶裥完成之后，沿轮廓线贴上美纹胶带，修剪样片，粗留2cm缝份，如图7-7中b所示。

(4) 用别缝针法别合样片一、二，如图7-7中b、c所示。

a. 做出样片褶裥          b. 修剪褶裥          c. 褶裥完成

图**7-7**  样片三的立裁过程

小贴示：

可以观察裙子的整体褶裥方向的效果，它是以前中心点为中心的整体放射效果，在制作时应注意褶裥的韵律，即它的密度及方向等要素的把握。

## ● 成衣效果图

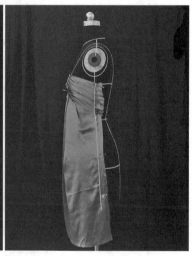

a. 前                          b. 侧

图**7-8**  成衣效果图

## 7.1.3 完成纸样

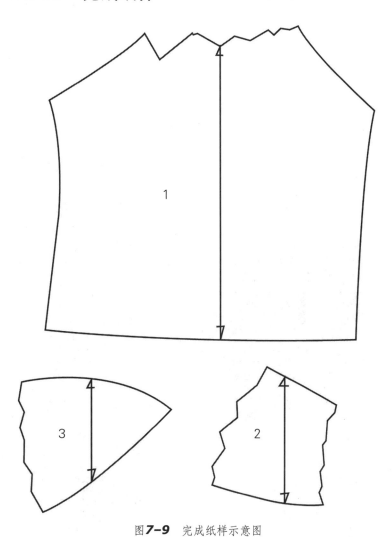

图7-9 完成纸样示意图

# 7.2　胸前与侧缝抽褶小礼服

## 7.2.1　款式分析

- 款式造型图

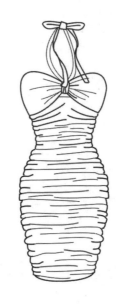

a. 前

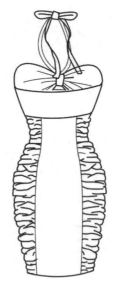

b. 后

图**7-10**　款式造型图

## ● 款式分析

### 1）款式具体描述

此小礼服裙胸前由系带抽褶，呈蝴蝶结状，而胸部两侧无皱褶。胸部以下衣身为一整片抽碎褶式样。礼服裙为露背装，后背至腰处样片为合体设计，腰部以下沿公主线分割设计，后中样片合体无皱褶设计，两侧为抽碎褶样片。

### 2）款式制作重点

（1）胸前的系带蝴蝶结造型，注意把握好褶的量，从前中心处到两侧慢慢抚平。通过皱褶的形式对人体的凸面进行塑造。

（2）控制好前后侧片的褶裥量。在数量上，不能太多，否则会显得有累赘之感；也不能太少，否则会显不出碎褶的造型。在造型上，应较贴合地塑造出人体造型。

## ● 选用面料

面料：素绉缎

制作时需注意的问题同6.2.1。面料图示见图1-35。

## 7.2.2 制作步骤

## ● 贴出造型线

根据款式图用美纹胶带贴出造型线，如图1-35中a、b、c所示。

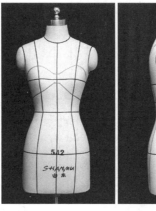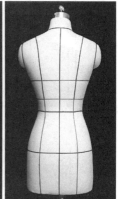

a. 前          b. 侧          c. 后

图7-11 款式造型线

## ● 采样

### 1）采样编号示意图

此款式为非对称造型，故要在立裁上做出所有衣片，采样如图7-12。

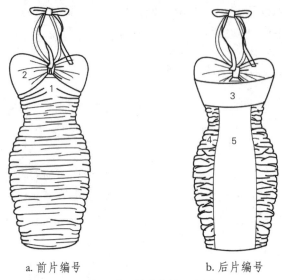

a.前片编号　　　　b.后片编号

图**7-12**　样片编号示意图

### 2）采样样片示意图

根据图7-12所示样片编号，绘制每片样片的采样图，如图7-13所示。

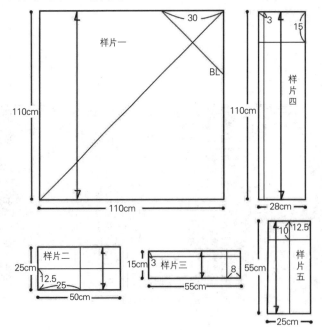

图**7-13**　采样示意图

- ## 制作步骤

### 1）样片一

（1）面料在前中心处45°斜丝缕放置，将面料双针固定于人台上，采样如图7-13所示，沿胸部造型轮廓线进行修剪，粗留2cm缝份，如图7-14中a所示。

（2）自上而下，在人台的左右两侧交替捏褶，同时用单针固定。褶量根据自己设计需要而定，如图7-14中b、c、d所示。

（3）褶裥完成之后，修剪两侧侧缝以及裙长，粗留2cm缝份，如图7-14中e、f所示。

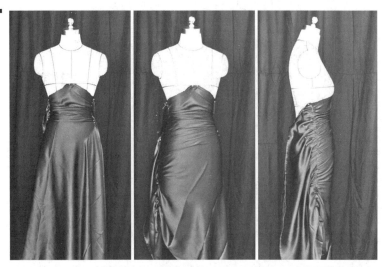

a. 固定样片并修剪　　　b. 做出褶裥　　　c. 褶裥一侧造型

d. 褶裥另一侧造型　　　e. 样片完成（前）　　　f. 样片完成（侧）

图**7-14**　样片一的立裁过程

2）样片二

(1) 将样片二的前中心参考线与人台前中线对齐，样片的水平参考线与人台胸围线水平对齐，采样如图7-13所示。前中心处可采用双针固定。

(2) 将胸前的面料聚到中心点上，捏出皱褶，用单针固定，如图7-15中a所示。

(3) 双手自中心向两边顺势抚平，在侧缝处单针固定。

(4) 将胸前的皱褶用约2cm宽的细带拴系，调整皱褶，如图7-15中b所示。

(5) 修整此样片的上下轮廓线。

(6) 沿轮廓线进行修剪，留约2cm缝份。

(7) 点影，别合样片一、二，如图7-15中c、d所示。

a. 固定样片

b. 做出胸部褶裥

c. 样片完成（正）

d. 样片完成（侧）

图**7-15** 样片二的立裁过程

3）样片三

(1) 将样片三的前中心参考线与人台前中线对齐，样片的水平参考线与人台胸围线水平对齐，如图7-13所示。后中心处可采用双针固定。

（2）用美纹胶带贴出样片造型线，沿造型线进行修剪，粗留2cm缝份，最终造型如图7-16所示。

a. 样片完成（后）　　　　　　b. 样片完成（侧）

**图7-16** 样片三的立裁过程

## 4）样片四

（1）将样片四的纵向参考线与人台侧片处参考线对齐，样片的水平参考线与人台腰围线水平对齐，采样如图7-13所示。在样片参考线相交处可采用双针固定。皱褶做法同样片一，如图7-17中a所示。

（2）沿轮廓线进行修剪，粗留2cm缝份。

（3）两边沿净缝用针粗缝，进行抽缩，将样片两侧的长度抽缩至裙长，如图7-17中b所示。

（4）在侧缝处别合前后样片，如图7-17中c所示。

a. 做出褶裥　　　　　　b. 样片完成　　　　　　c. 别合前、后样片

**图7-17** 样片四的立裁过程

## 5）样片五

(1) 将样片五的纵向参考线与后中心线对齐，样片的水平参考线与腰围线对齐，在后中心处双针固定，采样如图7-13所示。

(2) 将面料自上而下抚平，在腰围分割线处上下各打2~3个剪口，沿轮廓线单针固定，粗留2cm缝份，如图7-18中a所示。

(3) 用美纹胶带沿人台原造型线贴出轮廓线，别合样片三、四、五，最终效果如图7-18中b所示。

**小贴示：**

样片五没有省道，原因是将腰部省道放入了公主分割线中。

a.样片完成　　　　　　b.别合样片三、四、五

**图7-18** 样片五的立裁过程

## ● 成衣效果图

a.前　　　　　　b.后　　　　　　c.侧

**图7-19** 成衣效果图

## 7.2.3 完成纸样

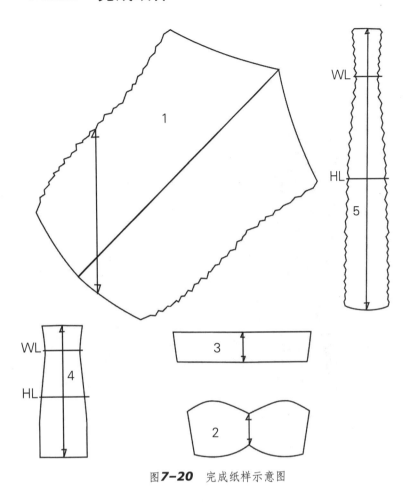

图**7-20** 完成纸样示意图

# 7.3　胸前放射状抽褶小礼服

## 7.3.1　款式分析

● 款式造型图

图 **7-21**　款式图

● 款式分析

### 1）款式具体描述

　　此款小礼服裙衣身主要分割线为两条弧线，弧线分割线的中间样片为碎褶，两侧样片无碎褶、无省道。

### 2）款式制作重点

(1) 裙身中间样片的碎褶量的把握。自上至下，由少变多，在一侧下摆处褶量最多。

(2) 两侧样片的做法。因两侧样片无省、无碎褶设计，要达到合体的效果，应注意衣身分割线位置以及面料丝缕方向的设计。

(3) 在裙摆处一侧的开衩位置与长度的把握。应从功能和美观两方面进行平衡设计。

(4) 裙身整体廓形的把握，裙摆为收口设计，显出优雅味道。

● 选用面料

面料：真丝乔其纱

制作时需注意的问题同5.1.1中所表述。面料图示见
图1－34。

## 7.3.2 制作步骤

● 贴出造型线

根据款式图用美纹胶带贴出款式造型。应注意分割
曲线的造型和位置。分割线应过人台的公主线，这样可以
把大部分省放入分割线中。

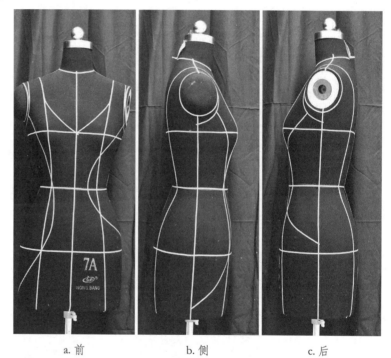

a. 前　　　　　　　　b. 侧　　　　　　　　c. 后

图**7-22** 款式造型线

● 采样

1）采样编号示意图

此款式为非对称造型，故要在立裁上做出所有衣
片，采样编号如图7-23所示。

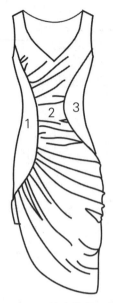

图**7-23** 样片编号示意图

## 2）采样样片示意图

根据图7-23中所示编号，绘制每片样片的采样图，如图7-24所示。

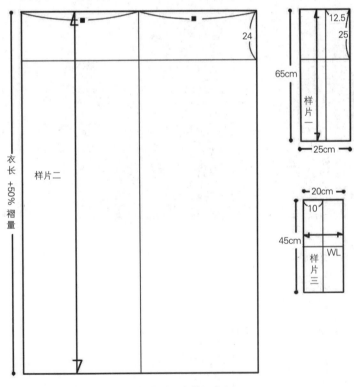

图**7-24** 采样示意图

- 制作步骤

1）样片一

(1) 将样片一的纵向参考线与人台侧片中线对齐，样片的水平参考线与人台腰围线对齐，采样如图7-23所示。侧面中心线处可采用双针固定。

(2) 在人台上抚平样片，边缘可单针固定，在腰部可通过打剪口抚平，如图7-25中a所示。

(3) 在胸围处放入0.5cm，腰围处放入0.3cm的松量，用双针进行固定。

(4) 沿轮廓线进行修剪，粗留2cm的缝份，对样片进行点影，最终效果如图7-25中b所示。

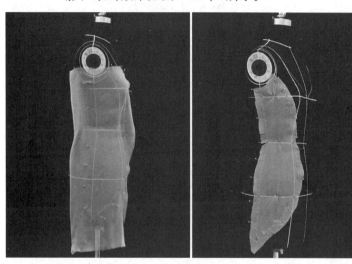

a.样片放置        b.样片完成

图**7-25** 样片一的立裁过程

2）样片二

**小贴示：**
要注意皱褶的方向，不能太平，呈放射状效果较美观。

(1) 将面料前中心线参考线与人台前中心线对齐，水平参考线与胸围水平对齐，采样如图7-23所示。将面料在胸部沿人台造型抚平，在中心线处双针固定。

(2) 自胸围线向上抚平肩部，在肩部斜向单针固定，如图7-26中a所示。

(3) 沿轮廓线修剪前领窝弧线、肩线，将袖窿抚平，修剪袖窿，均粗留2cm缝份，如图7-26中b、c所示。

**小贴示：**
注意左边的未修剪的边造型像波浪，可以作为装饰边用。

(4) 从袖窿处开始，自左至右做出不规则皱褶。一边做，一边用珠针固定。做的过程中，手要不断调整，如图7-26中d、e所示。

（5）所需皱褶确定之后，用美纹胶带在样片上贴出造型线，同时可起到固定的作用。修剪侧缝，粗留2cm缝份，如图7-26中f、g所示。

（6）用别缝针法别合样片一与样片二，如图7-26中h所示。

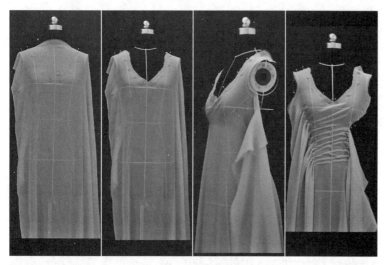

a.样片放置　　b.修剪领口　　c.修剪肩部及袖窿　　d.做出皱褶

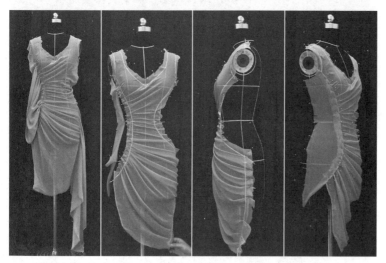

e.皱褶完成　　f.修剪轮廓线　　g.侧面效果　　h.别合样片

图**7-26**　样片二的立裁过程

3）样片三

（1）将样片三的纵向参考线与人台侧片中线对齐，样片的水平参考线与人台腰围线对齐，采样如图7-23所示。侧面中心线处可采用双针固定。

（2）在人台胸围线处放入0.5cm松量，腰围线处放入0.3cm松量，用双针进行固定。

**214**

（3）沿轮廓线修剪袖窿弧线与侧缝，粗留2cm松量，点影，如图7-27中a所示。

（4）别合样片一、二、三，如图7-27中b所示。

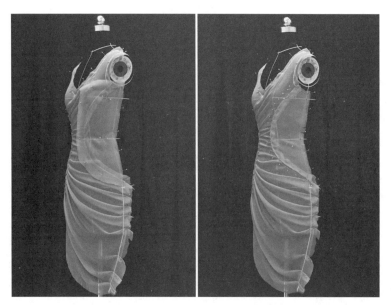

a. 样片放置         b. 样片完成

图**7-27**　样片三的立裁过程

● **成衣效果图**

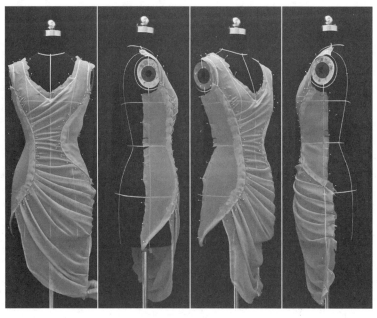

a. 前       b. 侧一       c. 侧二       d. 侧三

图**7-28**　成衣效果图

### 7.3.3　完成纸样

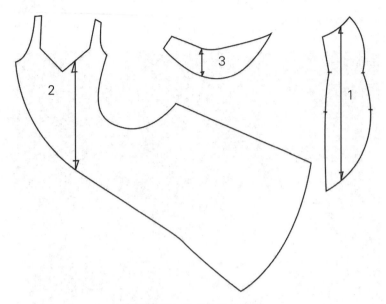

图7-29　完成纸样示意图

# 7.4　胸前规则褶裥小礼服

## 7.4.1　款式分析

● 款式造型图

图**7-30**　款式图

● 款式分析

### 1）款式具体描述

　　此小礼服裙前片领口为开口很低的V形领、肩部有细的吊带，衣身为斜向褶裥设计；裙摆由多层的面料抽碎褶而成。本节主要讲述胸前褶裥的制作方法。

### 2）款式制作重点

（1）褶裥的方向。沿人体胸部造型曲线做出褶裥，褶裥之间相互平行，且褶裥方向应与领口造型线的夹角呈锐角效果较好。

（2）褶裥的大小。应把握褶裥的宽度，不能太宽，否则会显出笨拙的感觉。

● 选用面料

　　面料：真丝乔其纱
　　制作时需注意的问题同5.1.1。面料图示见图5-2。

## 7.4.2 制作步骤

● 贴出造型线

根据款式图，在人台上用美纹胶带贴出造型线，如图7-31所示。

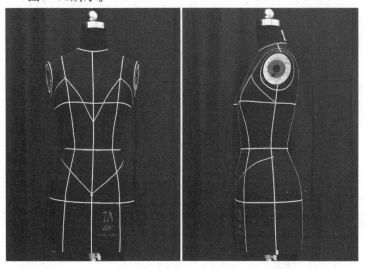

a. 前　　　　　　　　b. 侧

图 **7-31** 款式造型线

● 采样

1）采样编号示意图

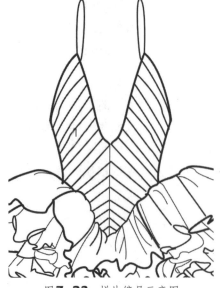

图 **7-32** 样片编号示意图

### 2）采样样片示意图

根据图7-32编号，将样片的采样图示绘制如图7-33。

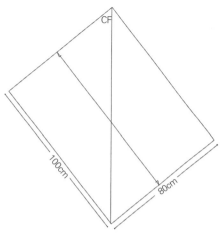

图**7-33** 样片编号示意图

## ● 制作步骤

### 1）样片一

（1）将面料的纵向参考线与人台的前中心线对齐，沿轮廓线单针固定，从下向上做出规则褶裥，采样如图7-33所示。

（2）一边做一边沿人体体型用手抚平，一边用珠针固定，如图7-34中a所示。

（3）完成后，用美纹胶带贴出所需造型，固定褶裥，如图7-34中b所示。

（4）沿造型线修剪轮廓线，粗留2cm缝份，如图7-34中c所示。

**小贴示：**

做褶裥时，面料采用斜丝缕，这样在塑造人体时，胸部会更加合体。

 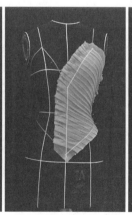 

a.样片放置　　　　b.样片完成　　　　c.样片完成（侧）

图**7-34** 样片一的立裁过程

## 7.4.3  完成纸样

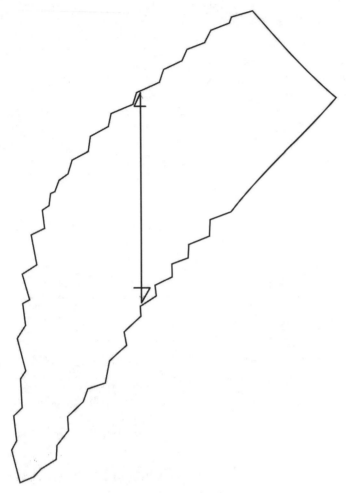

图**7-35**  完成纸样示意图

# 7.5 肩与领扭曲皱褶小礼服

## 7.5.1 款式分析

● 款式造型图

a. 前

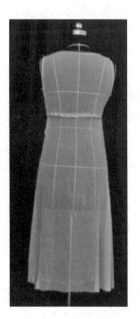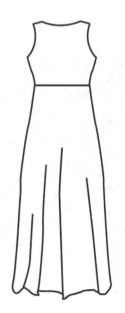

b. 后

图**7-36** 款式造型图

● 款式分析

### 1）款式具体描述

此小礼服裙前片为V形低领口，胸前与肩部通过面料的扭曲做出皱褶的造型。裙身胸前分割线处亦通过扭曲得到细小的波浪造型，裙形为A形。后片为高腰分割线设计。

### 2）款式制作重点

（1）胸前褶裥的扭曲量的预存。

（2）肩部扭曲量的预存。

● 选用面料

面料：真丝乔其纱

制作时需注意的问题同5.1.1中所表述。面料图示见图1-34。

## 7.5.2　制作步骤

### 贴出造型线

根据款式图用美纹胶带贴出造型线。注意胸前所示造型线，仅为前面皱褶的最初造型。当完成扭曲造型后，要重新确定标记线。

**小贴示：**

根据款式图的分析，肩部与胸部扭曲的褶裥量不大，所以可在人台上的相应位置贴出适当的宽度，在此造型的基础上再将面料扭曲即可。

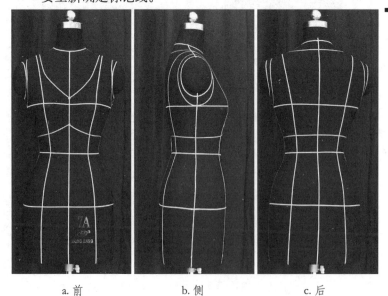

a. 前　　　　　b. 侧　　　　　c. 后

图**7-37**　款式造型线

## ● 采样

### 1）采样编号示意图

此款式为非对称造型，故要在立裁上做出所有衣片，采样编号如图7-38中a、b所示。

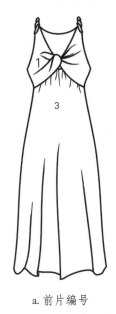

a. 前片编号        b. 后片编号

**图7-38** 样片编号示意图

**小贴示：**

采样时不要忘记对皱褶扭曲松量的预留。

### 2）采样样片示意图

根据图7-38编号，绘制每片样片的采样图，如图7-39所示。

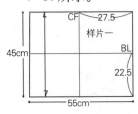
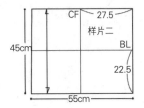

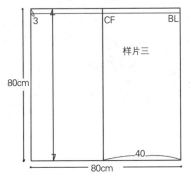
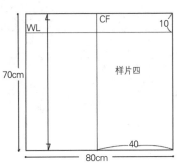

**图7-39** 采样示意图

● 制作步骤

1）样片一

（1）将样片一的纵向参考线与人台的前中心线对齐，样片的水平参考线与人台胸围线对齐，采样如图7-39所示。中心线处可采用双针固定，如图7-40中a所示。

（2）前中心用抓合针法，留出5cm的松量，将面料从中心向两肩抚平，接着抚平袖窿、侧缝。

（3）修剪领口，在粗留2cm缝份的基础上，再多留出1.5cm的松量，同样也作为皱褶扭曲量的预留。

（4）在胸围左右各留出0.5cm松量，靠近腰部留0.4cm，用双针进行固定。

（5）修剪袖窿弧线、侧缝以及下摆，粗留2cm缝份，如图7-40中b、c所示。

（6）点影，如图7-40中d所示。

（7）在样片胸部，将一边样片旋转两次，形成胸部皱褶造型，如图7-40中e、f所示。

（8）用于拿住两边样片肩部的末端，将样片旋转两次，在肩部形成皱褶造型，如图7-40中g所示。

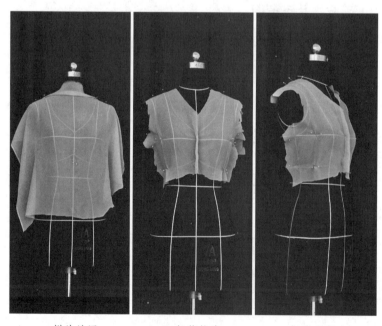

a. 样片放置          b. 粗修轮廓          c. 扭曲量预存

图7-40（1）  样片一的立裁过程

224

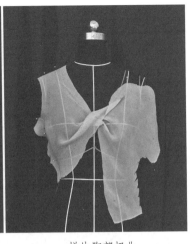

d. 样片扭曲前造型　　　　　　　e.样片胸部扭曲

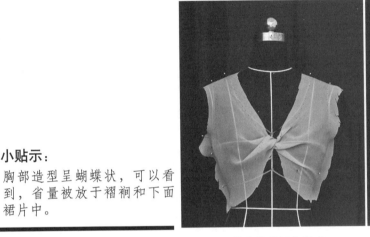

**小贴示：**

胸部造型呈蝴蝶状，可以看到，省量被放于褶裥和下面裙片中。

f. 样片胸部扭曲完成　　　　　　g.样片肩部扭曲完成

图**7-40**（2）　样片一的立裁过程

### 2）样片二

(1) 将样片二的纵向参考线与人台的后中线对齐，样片的水平参考线与人台胸围线对齐，采样如图7-39所示。样片中心线处可采用双针固定。

(2) 在后背胸围线的左右两边各留出0.5cm松量，靠近腰部留出0.4cm松量，双针固定。将样片沿人台造型抚平，沿轮廓造型线单针斜向固定，如图7-41中a所示。

(3) 沿造型线修剪样片，粗留出2cm缝份，如图7-45中b所示。

(4) 点影。

(5) 别合样片一和样片二，用抓合针法抓合前后肩与左右侧缝，如图7-41中c所示。

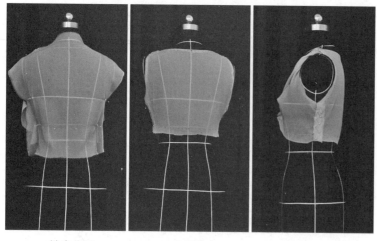

a. 样片放置     b. 样片完成    c. 别合样片一与二

图**7-41** 样片二的立裁过程

### 3）样片三

（1）将样片三的纵向参考线与人台的前中线对齐，样片的水平参考线与人台胸围线对齐，采样如图7-39所示。样片中心线处可采用双针固定。

（2）沿人台模型造型线做出胸前碎褶，一边做一边用单针固定。胸部造型线靠近侧缝处慢慢渐变成无碎褶，如图7-42中a、b所示。

（3）抚平侧缝，用单针固定，对其修剪，粗留2cm缝份。

（4）同样的方法，做出样片左片。

（5）用别针针法别合样片一与样片三，如图7-42中c所示。

**小贴示：**

样片左右两侧为对称造型，故可以通过拷贝的方法做出另一边。

a. 样片放置     b. 做出皱褶    c. 别合样片一与三

图**7-42** 样片三的立裁过程

### 4）样片四

（1）将样片四的纵向参考线与人台的后中线对齐，样片的水平参考线与人台的腰围线对齐，采样如图7-39所示。样片中心线处可采用双针固定。

（2）沿轮廓线进行修剪，粗留2cm缝份，别合侧缝与上下交接的地方。

（3）修剪下摆，如图7-43所示。

**小贴示：**

样片四在腰部分割线处较宽松，且为高腰分割线设计，所以可以无省道。

图**7-43**　样片四的立裁过程

● **成衣效果图**

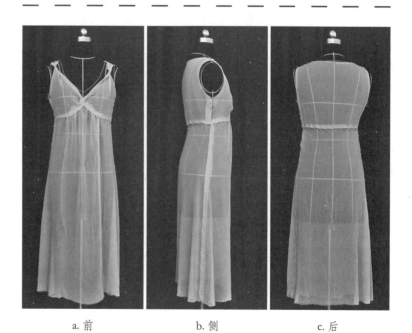

a. 前　　　　　　b. 侧　　　　　　c. 后

图**7-44**　成衣效果图

**227**

## 7.5.3 完成纸样

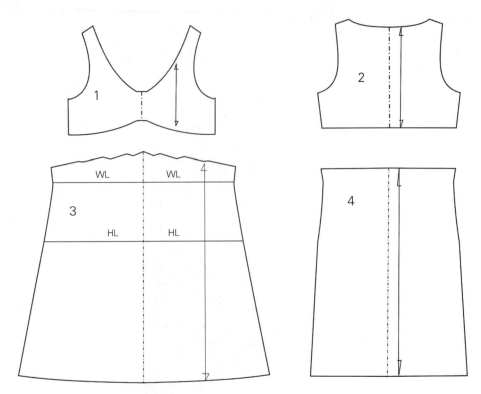

图**7-45** 完成纸样示意图

# 7.6 褶裥造型款式拓展

- 款式一

- 款式特点

此款式的褶裥造型聚焦在腰线以上，只有一个斜向的褶裥，形成腰线以上的设计点。

- 立裁特点

（1）衣身上有对称状的斜向褶裥。

（2）衣身分割线处在其基础上向上延伸，形成立体造型。

- 立裁方法与要点

（1）将胸部所有的余量聚集在一个斜向褶裥中，塑造人体凸面的同时，形成设计感。

（2）左右褶裥汇聚在前中心线处。

- 款式二

- 款式特点

此款式将褶裥运用到衣身、袖、腰部,从前中心开始通过纵向褶裥自领至肩形成衣身造型,腰部有横向褶裥。

- 立裁特点

（1）衣身上有纵向对称褶裥，自前中心开始向外延伸，形成落肩造型。

（2）腰部有横向褶裥，形成较宽的腰封。

- 立裁方法与要点

（1）衣身褶裥造型通过一块布形成，款式较为宽松，纵向形成褶裥。

（2）腰部的褶裥可在平面上形成，上面中心处的面料延伸至腰部下方。

- 款式三

- 款式特点

此款式将褶裥运用到衣身处,形成合体造型,自腰线向下褶裥量打开,形成裙摆。

- 立裁特点

(1) 衣身上有纵向褶裥,自上向下延伸至裙片。
(2) 裙摆由上方的褶裥量形成。

- 立裁方法与要点

(1) 可以通过纵向褶裥塑造出合体造型。
(2) 应注意衣身褶裥量的控制,因为这与裙摆量相关。

● 款式四

● 款式特点

　　此款式将较细的褶裥运用到衣身处,呈放射状形成合体造型,自腰线向下由细碎的褶裥形成裙摆。

● 立裁特点

　　(1)衣身上有双色的较细的褶裥,形成胸部与腰部造型。

　　(2)裙摆由双色纵向褶裥量形成。

● 立裁方法与要点

　　(1)应注意放射状褶裥的比例与分割。

　　(2)应注意褶裥量的控制,太多过于臃肿,太少会影响到裙摆量。

● 款式五

● 款式特点

　　此款式为紧身合体大摆裙,整个衣身运用了放射褶裥造型,在腰部汇聚至一处,自此点再向下放射形成裙摆。

● 立裁特点

　　(1) 衣身上有放射状褶裥,自上向下延伸至侧边腰部裙片处。
　　(2) 从腰部裙片处再向下延伸, 形成大的裙摆。

● 立裁方法与要点

　　(1) 应注意放射状褶裥的方向与节奏感。
　　(2) 应注意放射状褶裥在腰部汇聚处的处理。

# 8

# 肌理造型的小礼服设计

本章详细分析了两款肌理造型的小礼服设计。分别介绍了抓皱花饰和菱形肌理小礼服的制作方法，并在此基础上对各种肌理造型的小礼服进行拓展，使学习者可以举一反三，触类旁通。

# 8.1 抓皱花饰小礼服

## 8.1.1 款式分析

● 款式造型图

a. 前

b. 后

图**8-1** 款式造型图

● 款式分析

### 1）款式具体描述

此小礼服裙整体造型都为抓皱肌理设计。胸前为抽褶设计，裙身通过抓皱形成花状点缀，肩部亦为抓皱设计。

### 2）款式制作重点

（1）为了预留出抓皱的量，腰部为抽褶设计。在腰部留出的褶量应该适当，因为它决定了抓皱的大小以及裙子的最终廓型。

（2）裙身的抓皱设计。应注意抓皱的位置和大小。

● 选用面料

面料：真丝府绸，面料如图1-37所示。

## 8.1.2 制作步骤

● 贴出造型线

根据款式图，用美纹胶带在人台上贴出造型线如图8-2所示。

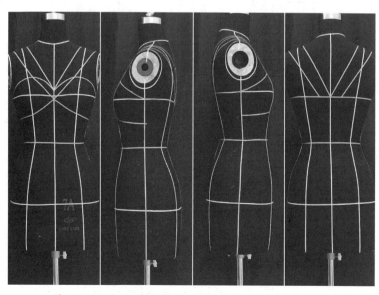

a. 前          b. 侧一          c. 侧二          d. 后

图**8-2** 款式造型线

## ● 采样

　　此款式上半身为对称造型，故对样片进行立裁时，可以只做一半，本文中对整片进行了立裁；下半身因最终面料肌理的效果不同，为不对称造型，故立裁时应做出整体样片。样片编号如图8-3所示。

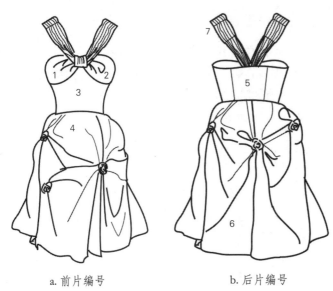

a. 前片编号　　　　　　b. 后片编号

图**8-3**　样片编号示意图

　　根据图8-4编号，绘制每片样片的采样图，如图8-4所示。

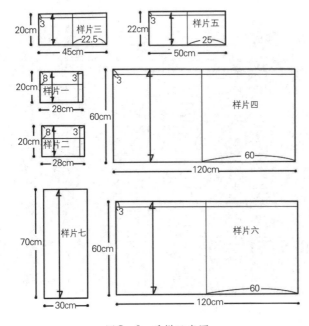

图**8-4**　采样示意图

● 制作步骤

1）样片一

小贴示：

腰部的省道量可根据前中心处皱褶的量来定，若皱褶量大一些，则省可以很小，甚至变无；若皱褶量小一些，则相反。

（1）将面料上的前中心参考线与人台前中心线对齐，面料水平参考线与人台胸围线水平对齐，采样如图8-4所示。样片的前中心处可采用双针固定。

（2）从前中心的最上方开始，沿胸围线、侧缝线将面料抚平，把所有的松量都放入腰部与前中心线处，如图8-5中a所示。

（3）胸围处放入0.5cm的松量，腰围处放入0.4cm松量，用双针对其别合固定。

（4）腰部捏出0.5cm的省道。

（5）捏出胸前碎褶，单针固定，如图8-5中b、c所示。

（6）点影，沿轮廓线边缘进行修剪，粗留2cm缝份，如图8-5中d、e所示。

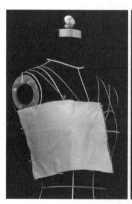 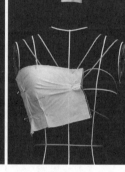 

a. 样片放置　　b. 做出胸前碎褶（前）　　c. 做出胸前碎褶（侧）

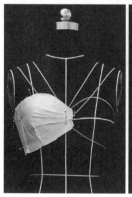 

d. 完成样片正面　　　　e. 完成样片侧面

图8-5　样片一的立裁过程

## 2）样片二

(1) 作法同样片一。可在人台上直接立裁得出，也可以通过对样片一的拷贝得到。

(2) 将前面皱褶处手针抽缩，别合样片一与样片二，如图8-6中a、b所示。

 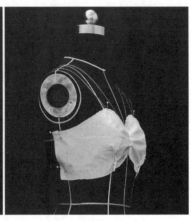

a. 样片完成正面　　　　　　b. 完成样片侧面

**图8-6** 样片二的立裁过程

## 3）样片三

(1) 将面料上的前中心参考线与人台前中心线对齐，面料水平参考线与人台胸围线水平对齐，采样如图8-4所示。前中心处可采用双针固定。

(2) 将面料自中心分别向两侧、腰部抚平，腰部不平服的地方打剪口，单针固定，如图8-7中a所示。

(3) 靠近胸围处放0.4cm的松量，靠近腰围放入0.3cm的松量，分别双针固定。

(4) 沿造型线修剪，粗留2cm的缝份，如图8-7中b、c所示。

(5) 沿轮廓线进行点影。

(6) 用别缝针法别合样片一、二、三，如图8-7中d、e、f所示。

小贴示：
样片三因为是对称造型，所以立体裁剪时，可做一半，另外一半拷贝即得，也可同书中所示，左右一起做。

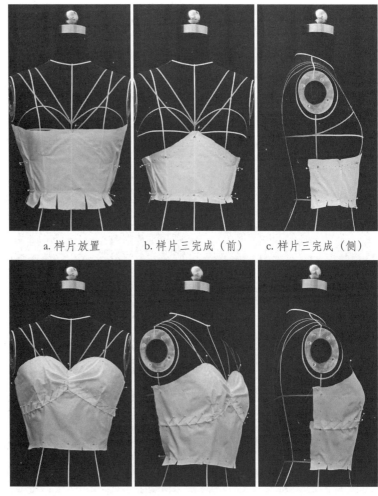

a. 样片放置　　　　b. 样片三完成（前）　　　　c. 样片三完成（侧）

d. 别合样片（前）　　　e. 别合样片（侧一）　　　f. 别合样片（侧二）

图**8-7**　样片三的立裁过程

#### 4）样片四

(1) 将面料上的前中心参考线与人台前中心线对齐，面料水平参考线与人台腰围线水平对齐，采样如图8-4所示。前中心处可采用双针固定。

(2) 在腰部用珠针固定出碎褶，即将门幅的宽度缩成腰围大小。应注意碎褶的位置，集中在公主线左右至侧缝处，靠近前中心处是没有碎褶的。

(3) 用美纹胶带粘出边缘轮廓造型线和碎褶的位置。在确定造型的同时，也可以起固定皱褶的作用。

(4) 沿轮廓线修剪样片，粗留2cm缝份，如图8-8中a、b所示。

（5）将样片拿下，用手针抽缩碎褶。将抽缩好的样片与样片2别合在一起，如图8-8中c、d所示。

（6）根据款式图，找到做肌理的位置，用手抓起适当的量，拿手针抽缩固定。

（7）将聚起的面料在靠近上端处再固定，得到小花芯。

（8）将花芯向下与裙片固定到一起，中间多余的量自然形成圆花瓣，如图8-8中e所示。

（9）按上述作法，依次做出三朵抓皱花饰，如图8-8中f所示。细节图如图8-8中g、h、i所示。

**小贴示：**

在裙上做出抓绉花饰时，抓起的量越多，最终做出的花越大；反之，则花越小。但是，抓绉越多，裙摆的宽度与长度发生的变化越大，故应注意平衡花饰造型与裙摆造型之间的关系。

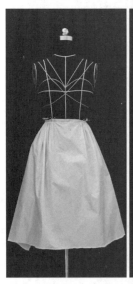

a. 做出皱褶

b. 样片侧面

c. 别合样片一~四

d. 样片别合侧面

e. 做出抓皱花饰

f. 做出多个抓皱花饰

g. 抓皱花饰制作细节一　h. 抓皱花饰制作细节二　i. 抓皱花饰制作细节三

图*8-8*　样片四的立裁过程

## 5）样片五

(1) 将面料上的后中心参考线与人台后中线对齐，面料水平参考线与人台胸围线水平对齐，如图8-4所示。后中心处可采用双针固定。

(2) 从后中心处开始，抚平胸围线，再顺势抚平侧缝，在腰围线附近打剪口。

(3) 胸部左右各放0.5cm松量，腰围左右各放0.3cm松量，双针固定。

(4) 将抚到腰部的余量捏出省道，如图8-9中a、b所示。

(5) 沿轮廓线点影，修剪侧缝，粗留2cm的缝份。

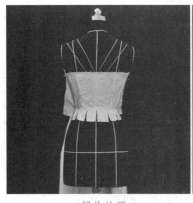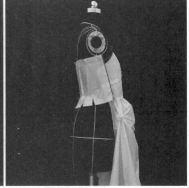

a. 样片放置　　　　　　　　b. 样片侧面

图*8-9*　样片五的立裁过程

## 6）样片六

(1) 将面料上的后中心参考线与人台的后中心线对齐，面料水平参考线与人台腰围线水平对齐，采样如图8-4所示。后中心处可采用双针固定。

(2) 在腰部用珠针固定出碎褶，即将门幅的宽度缩成腰围大小，如图8-10中a、b、c所示。

(3) 用美纹胶带贴出边缘轮廓造型线和碎褶的位置。在确定造型的同时，也可以起固定皱褶的作用。

(4) 沿轮廓线修剪样片，粗留2cm缝份。

(5) 将样片拿下，用手针抽缩碎褶。将抽缩好的样片与样片五别合在一起。

(6) 根据样片四中介绍的作法，依次做出两朵抓皱花饰，如图8-10中d、e所示。

(7) 别合样片一～六，最终效果图如图8-10中f、g所示。

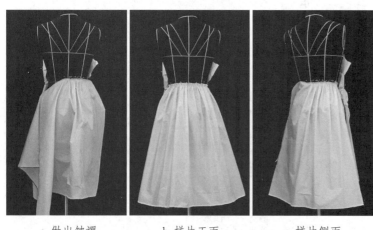

a. 做出皱褶          b. 样片正面          c. 样片侧面

d. 做出抓皱花饰     e. 做出多个抓皱花饰   f. 别合样片（侧一）

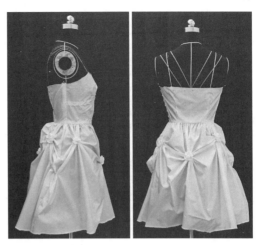

g. 别合样片（侧二）　　h. 别合样片（后）

图**8-10**　样片六的立裁过程

### 7）样片七（肩带）

(1) 面料沿肩部造型线直丝缕，从前至后，在人台上抚平，单针固定。

(2) 沿领口方向捏出褶裥，一边捏，一边将其固定到人台上，如图8-11中a、b、c所示。

(3) 皱褶的密度随造型和面料宽度而定，最终将面料抽缩成肩带的造型。

(4) 用点影笔标出抽缩的位置。

(5) 将肩部样片取下，在标记的位置用手针抽缩成所需肩带的宽度，最终效果如图8-11中d、e所示。

(6) 两边做法相同，将其与衣身固定，在前中相交的地方用长方块将其覆盖，遮住交叉肩带的缝迹。

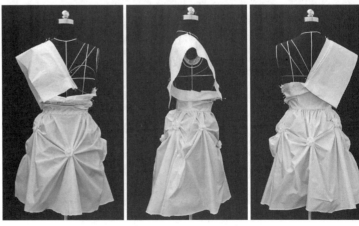

a. 固定样片　　　　b. 样片侧面　　　　c. 样片后面

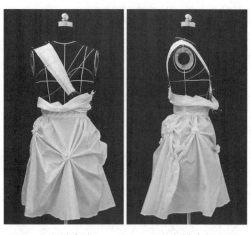

d. 完成样片前面　　　e. 完成样片侧面

图**8-11**　肩带的立裁过程

● 成衣效果图

a. 前　　　　　　　　b. 后

c. 侧一　　　　　　　　d. 侧二

图**8-12**　成衣效果图

### 8.1.3 完成纸样

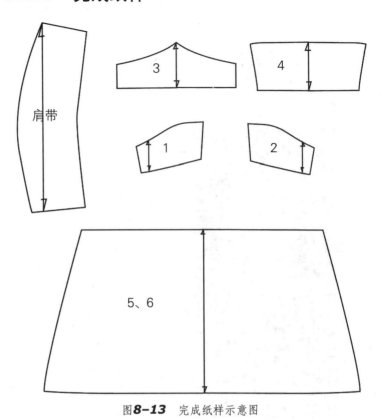

图**8-13** 完成纸样示意图

# 8.2 菱形肌理小礼服

## 8.2.1 款式分析

● 款式造型图

图**8-14** 款式图

● 款式分析

1）款式具体描述

此小礼服裙衣身上下都为菱形肌理设计，腰线以上菱形横向分布，腰线以下菱形纵向分布。

2）款式制作重点

（1）菱形肌理的制作方法。

（2）此款式的胸、腰、臀都为合体设计，在做出菱形肌理的前提下，还应做出合体效果，将多余的量放入菱形肌理中。

● 选用面料

面料：真丝乔其纱
制作时需注意的问题同5.1.1。面料图示见图1-34。

### 8.2.2 制作步骤

● **贴出造型线**

根据款式图，在人台上用美纹胶带贴出标志线，如图8-15所示。

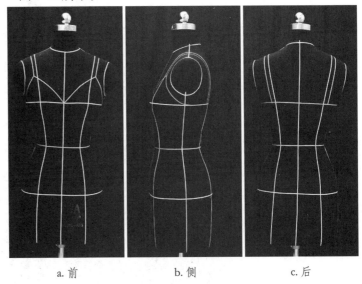

a. 前      b. 侧      c. 后

图*8-15* 款式造型线

● **采样**

此款式为非对称造型，故要在立裁上做出所有衣片，样片编号如图8-16所示。

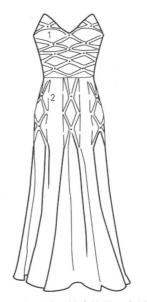

图*8-16* 样片编号示意图

根据图8-16所示编号，绘制每片样片的采样图，如图8-17所示。

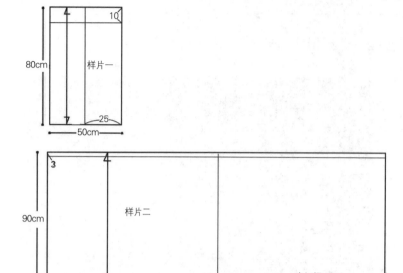

图**8-17** 采样示意图

## ● 制作步骤

### 1）样片一

(1) 将面料上的纵向参考线与人台胸围线水平对齐，面料水平参考线与人台的前中心线对齐，采样如图8-17所示。样片的前中心处可采用双针固定，如图8-18中a所示。

(2) 在前胸处做出面向两个方向的箱形褶裥，沿人体体型抚平，在侧缝处固定，如图8-18中b所示。

(3) 从上到下，沿人体体型依次做出褶裥方向相对的箱形褶裥。在侧缝处单针固定，如图8-18中c、d所示。

(4) 将褶裥的上下两边用手针缝在一起，便会出现菱形的效果，如图8-18中e 、f所示。

(5) 用线沿造型线将做出的面料肌理进行固定。

(6) 沿造型线进行修剪，粗留2cm的缝份，如图8-18中g、h所示。

**小贴示：**
此款式胸围线方向为直丝缕，前中心方向为横丝缕。

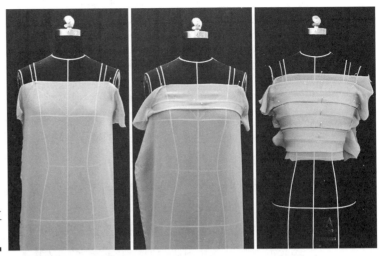

a.样片放置　　b.做出胸前横向褶裥　c.做出多个褶裥（正面）

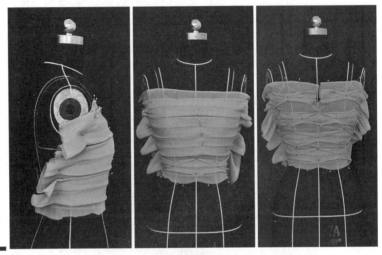

d.做出多个褶裥（侧面）　e.自下而上做出菱形效果　　f.菱形最终效果

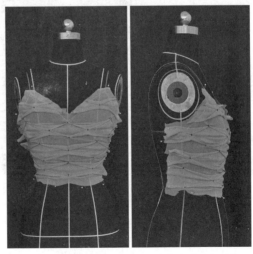

g.样片完成（正面）　　h.样片完成（侧面）

图**8-18**　样片一的立裁过程

## 2）样片二

(1) 面料前中心为直丝缕，腰围线为横丝缕，采样如图8-17所示。将面料抚平，在中心双针固定，侧面单针固定。

(2) 沿前中心方向做出箱形褶裥，褶裥大小随造型而定，如图8-19中a所示。

(3) 从中心向两边依次做出褶裥，一边做，一边用珠针在腰部固定。

(4) 将褶裥的上下两边用手针缝在一起，便会出现菱形的效果。

(5) 自腰部用相同的方法做出菱形肌理效果，在靠近膝围线处放开，可以看到，下方会形成波浪的效果。

(6) 用线沿造型线固定做出的面料肌理，如图8-19中b、c所示。

(7) 沿造型线进行修剪，粗留2cm的缝份，如图8-19中d所示。

**小贴示：**

若想要波浪的量多一些，则可把箱形褶裥的量做得多一些。

**小贴示：**

在制作成衣时，可将上下褶裥连接处钉珠饰，以遮住缝制的线头，且增加美观性。

**小贴示：**

缝制成衣时，可在裙身里面加里布，效果会更好。

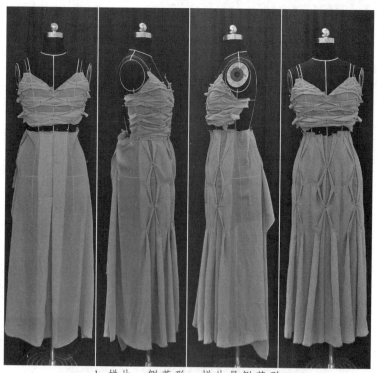

a. 前中褶裥　　b. 样片一侧菱形造型　c. 样片另侧菱形造型　d. 样片最终造型

图**8-19** 样片二的立裁过程

● **成衣效果图**

图8-20 成衣效果图

## 8.2.3 完成纸样

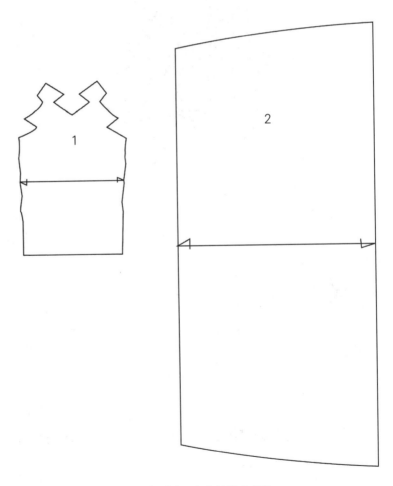

图8-21 完成纸样示意图

# 8.3　肌理造型款式拓展

● 款式一

● 款式特点

此款式采用波纹状立体布纹肌理形成衣身,下方为简洁裙摆造型。

● 立裁特点

（1）衣身上有较大的波纹状立体布纹肌理,应先把面料肌理完成后再进行立裁制作。

● 立裁方法与要点

（1）应注意波纹状立体布纹肌理的大小,提前对面料进行预存与点影。

- 款式二

- 款式特点

此款式采用井字纹立体布纹肌理形成衣身,下方为简洁鱼尾裙摆造型。

- 立裁特点

（1）衣身上有较大的井字纹立体布纹肌理，应先把面料肌理完成后再进行立裁制作。

- 立裁方法与要点

（1）应注意井字纹立体布纹肌理的大小，提前对面料进行预存与点影。

- 款式三

- 款式特点

　　此款式采用编结肌理形成衣身,并延伸至下方形成大A裙摆造型。

- 立裁特点

　　(1) 衣身上有编织肌理, 应先把面料肌理完成后再进行立裁制作。

- 立裁方法与要点

　　(1) 应注意编结肌理的大小, 提前对面料进行预存与点影。

- 款式四

- 款式特点

此款式采用缠结较大布纹肌理形成整个裙身,肩与领部为光洁造型。

- 立裁特点

(1) 衣身上有较大的缠结布纹肌理，应先把面料肌理完成后再进行立裁制作，并应预留出肩、袖处的无肌理造型。

- 立裁方法与要点

(1) 应注意缠结布纹肌理的大小，提前对面料进行预存与点影。

# 9 个性定制小礼服的立裁纸样变化

在我国服装的实际生产中,立体裁剪依赖的人台是批量化或者是号型化的产品,支撑立体裁剪的个性定制人台,目前还不能满足一人一台。故而要解决人台与人体的体型不对应现象,大多采用类推档的方法。其实就是在最接近实际定制人体的人台上首先进行造型,然后再在平面上根据个性化的尺寸来进行小礼服的尺寸修正,使得礼服更适合于穿着者本身。

本节主要使用多个实例,介绍人体不同部位发生不同于人台的尺寸变化时,立体裁剪修正纸样的尺寸变化趋势,以帮助大家更好地理解尺寸变化涉及的纸样变化部位和变化量感。

本实例采用的基础人台规格为:号型165/84A,其胸围为84cm,腰围为66cm,臀围为88cm。

## 实例1 胸围尺寸的变化

图9-1 胸围变化的纸样趋势示意图

以分割型特征的小礼服为例，使用款式见本书5.1节，为胸部多片分割的小礼服。

案例步骤：

1）测量定制人体实际尺寸：胸围为87cm，腰围为66cm，臀围为88cm。

2）使用案例人台进行立体裁剪。

3）在完成人台纸样基础上，按定制尺寸调整补正样版。

4）与基础人台尺寸相对比，实际定制人体的胸围变大了3cm，也就是说小礼服应该在胸围上调整尺寸。因此，在胸围一周增加3cm松量。并将涉及部位包括袖窿、肩部等随之调整，形成较圆顺合理的样版。

在此过程中，款式及样版上产生的变化如图9-1所示，阴影部分为符合实际人体的小礼服纸样变化量。

## 实例2　腰围尺寸的变化

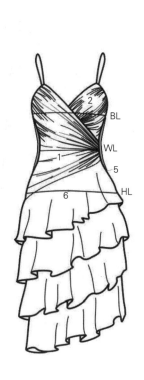
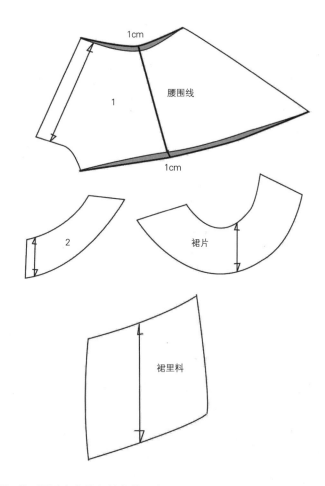

图**9-2**　腰围变化的纸样趋势示意图

以皱褶波浪造型的小礼服为例,使用款式见本书6.3节,为皱褶波浪的小礼服。

案例步骤:

1)测量定制人体实际尺寸:胸围为84cm,腰围为70cm,臀围为88cm。

2)使用案例人台进行立体裁剪。

3)在完成人台纸样基础上,按定制尺寸调整补正样版。

4)与基础人台尺寸相对比,实际定制人体的腰围变大了4cm,也就是说小礼服应在腰围上调整尺寸。因此,在腰围处应一周增加4cm松量。并将涉及部位包括袖窿、肩部等随之调整,形成较圆顺合理的样版。

在此过程中,款式及样版上产生的变化如图9-2所示,阴影部分为符合实际人体的小礼服纸样变化量。

## 实例3 臀围尺寸的变化

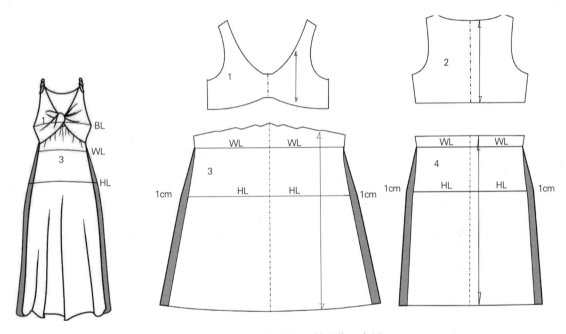

图**9-3** 臀围变化的纸样趋势示意图

以皱褶特征的小礼服为例,使用款式见本书7.5节,为肩与领扭曲的皱褶小礼服。

案例步骤:

(1)测量定制人体实际尺寸:胸围为84cm,腰围为66cm,臀围为92cm。

(2)使用案例人台进行立体裁剪。

(3)在完成人台纸样基础上,按定制尺寸调整补正样版。

(4)与基础人台尺寸相对比,实际定制人体的臀围变大了4cm,也就是说小礼服应该在臀围上调整尺寸。因此,在臀围处应一周增加4cm松量。并将涉及部位包括腰部、下摆等随之调整,形成较圆顺合理的样版。

在此过程中,款式及样版上产生的变化如图9-3所示,阴影部分为符合实际人体的小礼服纸样变化量。

### 实例4　胸围、腰围、臀围尺寸的变化

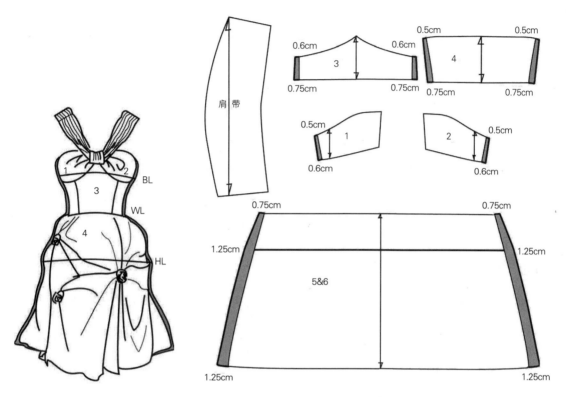

图**9-4**　胸围、腰围、臀围变化的纸样趋势示意图

以抓皱特征的小礼服为例,使用款式见本书8.1节,为抓皱花饰的小礼服。

案例步骤:

(1)测量定制人体实际尺寸:胸围为86cm,腰围为69cm,臀围为93cm。

(2)使用案例人台进行立体裁剪。

(3)在完成人台纸样基础上,按定制尺寸调整补正样版。

(4)与基础模型尺寸相对比,实际定制人体的胸围变大了2cm,腰围变大了3cm,臀围变大了5cm,也就是说小礼服应该在胸围、腰围、臀围上调整尺寸。因此,应同时在三处增加量,并将涉及部位包括袖窿及下摆等随之调整,形成较圆顺合理的样板。

在此过程中,款式及样版上产生的变化如图9-4所示,阴影部分为符合实际人体的小礼服纸样变化量。

# 后　记

服装作为一门应用学科,出发于艺术,又服务于生产实践。立体裁剪作为实现服装设计效果的主要手段之一,已广泛用于教学研究中,但在实际生产中的运用尚不够。本书的撰写想法以及撰写内容和角度的定位就是源于企业的实际需求。我们希望能从生产的角度出发,写一本不仅能满足教学和研究需求,而且也对设计研究和企业生产有所帮助的书。

本书是在现代丝绸国家实验室的支持下展开试验及制作的。在撰写过程中,得到了许多企业和友人的帮助。没有他们我们不会知道实际需要而形成想法,没有他们我们在实际的制作和写作当中遇到的很多困惑很难找到行之有效的解决方法……深圳华丝企业股份公司,在给了我们思路的同时还打破封闭提供给我们企业的订单案例和本书制作的所有面料,使快递邮件在深圳和江苏上空绘出了一道道的虹桥;浙江嘉欣丝绸集团从自己的展示室中取下订单样衣为我们提供案例样本,让丝绸的纽带紧紧地连接着研究和使用;我们还翻遍了宝旺坊服饰公司各个业务员的案头和仓库……酷暑假期之中,苏州大学的吴秋彬、胡镔、张玲娟、王红等人,从早到晚忙碌在实验室中,时刻不忘记操作助手的职责;中国美术学院上海设计学院的胡宏从上海到江苏往返奔波,不仅是为了完美款式图中的线条,更是要给大家呈现美与意涵;远在异国的胡尚聪,将新的装帧设计理念融入本书,封面用蒙德里安的色彩风格和整齐纯一的版式来养眼读者……在本书封笔的时候,我们深深地说一声:谢谢大家!

我们由衷希望,本书能为服装教育与生产的密切结合起到一点推动作用,并希望热爱着服装事业的读者们能从本书中获得帮助。由于我们的水平有限,书中不当之处,也恳请广大读者给予批评指正。

作者
2015年4月于苏州